国家自然科学基金地区项目（71462029）

"基于供应链安全管理的食品企业质量信号与市场的匹配机制研究"

食品供应链安全管理、质量信号与市场

热比亚·吐尔逊　著

企业管理出版社

EMPH　ENTERPRISE MANAGEMENT PUBLISHING HOUSE

图书在版编目（CIP）数据

食品供应链安全管理、质量信号与市场 / 热比亚·吐尔逊著 . —北京：企业管理出版社，2019.12
ISBN 978-7-5164-2083-6

Ⅰ . ①食… Ⅱ . ①热… Ⅲ . ①食品安全—供应链管理—研究 Ⅳ . ① TS201.6

中国版本图书馆 CIP 数据核字（2019）第 276999 号

书　　名：食品供应链安全管理、质量信号与市场
作　　者：热比亚·吐尔逊
责任编辑：张　平　宋可力
书　　号：ISBN 978-7-5164-2083-6
出版发行：企业管理出版社
地　　址：北京市海淀区紫竹院南路 17 号　　　　邮编：100048
网　　址：http://www.emph.cn
电　　话：编辑部（010）68701638　发行部（010）68701816
电子信箱：qyglcbs@emph.cn
印　　刷：北京七彩京通数码快印有限公司
经　　销：新华书店
规　　格：145 毫米 ×210 毫米　　32 开本　6.625 印张　151 千字
版　　次：2019 年 12 月第 1 版　　2019 年 12 月第 1 次印刷
定　　价：68.00 元

食品安全问题折射出的食品供应存在的问题，直接导致消费者对很多食品质量的不信任，因此，在消费过程中，消费者更多的顾虑是是否应该购买的问题。也就是说，食品安全问题已经深深地影响到了消费者的消费意愿。商家生产问题食品的动机之一就是降低生产成本，从而获得更多的利润。

目前，我国对于食品质量的保障体系还是基于各类与食品行业相关的体系认证和产品质量认证来设立的。我国食品企业较常用的体系认证是 ISO9000 系列；在产品质量认证方面，有机食品认证、无公害食品认证、绿色食品认证是我国食品企业在产品多元化方面采用较多的认证系统。

学术界对于食品供应链的相关研究还处于起步阶段。与其他类型的供应链相比，食品供应链产品具有周期性、产品质量和价格不稳定性、买卖方信息不对称、不确定性高等特点。产品特征会影响交易特征，从而影响到供应链的协调性；食品的易耗性产生不确定性，食品的差别化使交易复杂化（Jill E Hobbs、Linda M young，2000），这些都说明食品供应链的协调的重要性。

一、选题背景

(一) 实践背景

在经济全球化的今天，企业的生存不光靠国内市场，也要靠国际市场。因此，企业生产的产品和其行为不仅要满足国内标准，也要满足国际标准和要求。农产食品行业是劳动密集型产业，我国劳动成本较低，因此，我国食品企业具有成本优势。随着生活水平的提高，我国消费者对高质量、安全食品的需求日益提高。食品和农产品质量具有经验品和信任品的属性，其质量特征很难被观测到。因此，消费者判断食品质量时，更多地以产品本身质量特征（比如，是否为绿色食品、有机食品等）和生产该食品的企业声誉为标准。

但是，我国一些食品企业在产品质量和企业声誉方面都缺乏优势，主要表现在：大宗农产品专用性不强，品质和产量都不稳定，无法满足大规模食品企业和高端市场的需求；水果、蔬菜产品的农药残留问题一直存在等。因为这些原因，我国农产食品所具有的价格优势无法得到发挥。本书研究的实践背景可以归纳为以下几个方面：

第一，中国作为农业大国，食品安全问题在社会经济中占重要地位，近年来出现的食品安全事件已充分说明了食品安全管理的必要性。同时，食品安全问题，直接导致了消费者对各类食品质量的不信任，让消费者在购买的过程中产生了更多的顾虑，这也充分说明了完善食品安全管理的紧迫性。

第二，伴随着经济的全球化，食品质量安全问题已成了世界性的问题。食品质量的提高靠食品供应链的紧密协调来实现。具体来说，食品质量取决于食品生产的整条供应链的安全管理和协调能力。但食品质量很难被观测到，所以，更多的企业导入食品质量和安全的产品认证系统，通过认证传达产品质量信号的方式缓解买卖双方之间存在的信息不对称问题。可是，不是所有的企业都能够获得产品质量认证，哪些因素影响企业获取认证的能力？食品认证系统的导入尽管能够缓解信息不对称问题，但是需要成本的。认证带来的收益大于成本吗？认证真的能够促进食品出口吗？食品供应链的国内和出口绩效的影响机制是否相同？

第三，因食品的易腐性而产生的巨额浪费问题是许多食品销售企业面临的难题，供应链的紧密协调能够减少由食品易腐烂性造成的食品在供应链流转过程中的不必要的消耗与浪费，从而加强食品经营的经济性，提高食品企业的竞争能力和形象。

第四，食品供应链的可追溯性对食品企业很重要，因为当食品供应中发生不良事件时，市场会紊乱，诉讼案会增加，商品的品牌会受到严重影响。如果导致不良事件的原因能够快速被追溯到，便能够最大限度地控制经济上的损失。食品供应链的可追溯性通过食品供应链的紧密耦合来实现。食品成分复杂，食品供应链的参与者众多，因此，食品供应链是个复杂的系统。根据正常事故理论（Perrow，1999），在复杂和紧密耦合的系统中事故的发生是不可避免的。食品供应链的紧密协调使食品供应链的透明性提高，当不良事件发生时，有助于责任的追溯，以及能够及时采取补救措施。另外，食品企业导入食品质量认证系统和体系认证系统，通过第三方参与等手段防止食品不良事件的发生。

第五，因为在食品供应链中不良事件的发生是不可避免的，所以，越来越多的食品企业开始采取各种手段防御不良事故的发生。比如，越来越多的食品企业导入产品质量和安全的体系认证，使其行为规范化、制度化。根据高可靠性组织理论（La Porte，1996；Roberts，1990），尽管高可靠性组织是复杂和紧密耦合的，但能够持续保持高绩效（高安全性）。导入那些体系认证的企业的生产和经营行为高度规范化，因此，应属于高可靠性组织。

第六，声誉是企业的一种无形资产。消费者购买食品时更多的是根据企业声誉等食品质量信号来确定其购买决策，因此，对于食品行业来说，企业声誉的作用远大于其他行业。食品企业发生不良事件对于其声誉是毁灭性的。食品企业供应链内外部协调以及供应链的透明性对于维护其声誉尤为重要。

（二）理论背景

学术界对于食品供应链的相关研究还处于起步阶段。与其他类型的供应链相比，食品供应链中的产品具有周期性、产品质量和价格不稳定性、买卖方信息不对称性、不确定性高等特点。食品的易耗性、易变质性等特征导致食品生产的复杂性，需要企业内部各个职能部门的紧密协调。产品特征会影响交易特征，从而影响到外部供应链的协调；食品质量特征所包含的信息不对称性要求食品企业向消费者传达有关其产品质量和安全的正确信号；食品的差别化使交易复杂化（Jill E Hobbs、Linda M young，2000），因而食品供应链的研究应以产品特征、市场特征和供应链本身的特点等因素作为研究单位，探究这些因素之间的相互作用与影响。以食品供应链现有的研究来看，据其研究对象，可以归纳为四个方面：第一，以食品安全为出发点，以食品供应链的治理结构为研究对象，以食品供应链的透明性和可追溯性为研究对象，以食品供应链中信息共享和信息管理为研究对象。第二，以产品多元化和不断变化的消费需求，以及国际化为出发点，以产品认证和体系认证为研究对象。第三，以成本、风险分担以及利益共享为出发点、以食品供应链的绩效衡量为研究对象。第四，以安全和可持续性为出发点，以食品供应链的社会责任问题为研究对象。综上所述，食品供应链的现有研究较分散，因此，有必要对其进行全面研究。本书正是立足这一背景下，探索食品供应链的安全管理对食品企业国内和出口绩效的影响机制。因此，本书的意义在于以下两点：第一，在现有研究的基础上探索食品供应链管理如何影响食品质量（安全），以及对企业绩效的影响。第二，在全球经济一体化以及市场千变万化的条件下，一方面通过对供应链的安全管理，让食品企业实现能力提升和较高的增值，另一方面有效地利用恰当的产品质量信号，实现食品企业的持续、稳定发展。

二、研究问题

本书主要涉及食品供应链安全管理的维度、食品质量安全信号和绩效三方面的内容。本书构建的理论框架如图 1 所示，具体阐述如下。

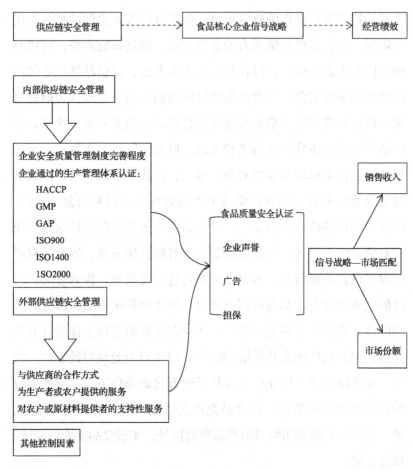

图1 本书理论框架

（一）食品供应链安全管理的维度

现有文献对供应链安全管理的定义还未统一，本书以 Closs 和 McGarrell 的定义为基础，认为供应链的安全管理是为了防御供应链的资产（产品、设施、设备、信息、员工）被盗、被破坏或恐怖行为，防止引进未通过允许的违禁品、人或武器对供应链造成重大破坏而采用的政策、操作程序、技术。由于学者们一致认为供应链的安全管理是个多维度的概念，因此，在清楚界定供应链安全管理的基础上，本书将探索在食品供应链背景下，供应链安全管理的维度和具体表现形式。

供应链安全管理是一种风险缓解战略，包括组织内、组织之间和两者相结合的三种基本方式（Rice 和 Caniato，2003）。本书从供应链安全管理的内部供应链安全管理和外部供应链安全管理两个维度分析供应链安全管理与食品质量安全以及企业绩效之间的关系，如图 2 所示。

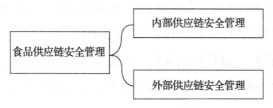

图 2　供应链安全管理的维度

（1）内部供应链的安全管理与食品核心企业绩效。

组织内供应链安全管理是指通过企业执行和控制的职能行为，防止供应链风险，保证或防御企业供应链的安全。组织内的供应链安全管理行为包括防御型和响应型的措施。防御型措施是供应链安全管理最常用的措施。供应链安全管理的内部防御措施包括产品安全和质量方面的制度，比如最低库存、产品的可追溯性、产品生产标准、运输标准、操作标准、作业环境的要求等（Close 和 Mc Garrell，2004；Knight，2003；Rice 和 Spayd，2005；Hess

和 Wrobleski，1996）。尽管企业采取防御型措施，供应链安全事件有时还会发生。因而，有一部分供应链安全管理文献研究的是企业对于安全的响应能力。有研究认为，企业应该了解自己的生产经营过程、安全风险，以及两者之间的相关性，它是供应链安全管理的核心（Ritter 等，2007）。有研究强调内部标准化对安全事件的响应以及恢复方面的重要性（Sheffi，2002），以及认为导入质量安全认证体系是企业内部管理标准化的重要手段。质量体系认证能够改善企业的安全控制能力以及提高工作效率，从而增强竞争优势（Abdelhakim Hammoudi、Ruben Hoffmann 和 Yves Surry，2009）。认证能够提高食品的安全性（Es criche 等，2006），能够增加消费者对该食品的信心，认证体系也可能通过影响生产效率、产品价格和生产实践的外部优势和与产品属性相关的内部优势，提高企业效率。认证通过记录的质量管理系统向企业外部传递质量信号，因而能够节约（寻找产品等）交易成本（Erin Holleran、Maury E Bredahl、Lokman Zaibet，1999），比如，能够节约协商和监督成本，节约买方寻找成本，通过标准化生产减少浪费等，从而能够提高整个供应链的绩效（Vijay R Kannan、Keah Choon Tan，2004）。企业可能把质量认证系统当作提高其内部经营效率的工具。综上所述，内部供应链安全管理能够提高企业对不良安全事件的防御、响应、恢复能力，以及企业内部的协调、统一管理，提高企业的生产效率以及节约交易成本，因此，能够对企业的经营绩效产生积极影响。

根据 RBV 理论，内部各个职能部门的无缝协调和完善的生产和管理能力是食品企业稀缺的、不可模仿和不可替代一种的能力，这种能力为企业创造价值。基于以上理论推理和对相关文献（后期对相关文献进行更深入的整理和分析）的整理分析，本书进一步通过实证研究分析验证内部供应链安全管理对食品企业经营绩效的影响，如图3所示。

图3　内部供应链安全管理的影响因素以及对企业绩效的影响

（2）外部供应链的安全管理与食品核心企业绩效。

食品供应链的主要特征是保证食品质量和安全，从而提高供应链绩效。最终市场的食品安全质量依赖于供应链的几个不同阶段，因此，为遵循食品安全质量规范和避免潜在的消极需求效应，食品供应链有必要纵向协调，而且纵向协调是实现可追溯性和最终产品满足特定标准的必要手段（Abdelhakim Hammoudi、Ruben Hoffmann 和 Yves Surry，2009）。供应链的紧密协调使企业能够获得市场信息，尽快适应市场变化或调整产品特征。另外，供应链协调使企业获得专有投资，从而更好地区分其产品。供应链纵向协调的企业对信息交换的要求减少，从而可以节约获取信息的成本。另外，纵向协调的供应链能够引进易于改进产品的更高效和专业化的程序和组织结构（G W Ziggers、J Trienekens，1999）。尽管实证研究相对有限，但是，有证据表明食品供应链的纵向协调通过参与者的严格控制能够提高该供应链在所属行业中获得溢价的能力。供应链的纵向协调通过书面合约和规范供应链上下游参与者的行为来实现。供应链战略与绩效之间的关系是个重要的研究领域（Lynch 等，2000；Morash，2006）。成功的供应链安全管理与投资回报率、销售利润率、市场份额、净收入（Anderson 和 Katz，1998；Tan 等，1998；Carr 和 Pearson，2002）等组织绩效呈正相关关系（Tracey，1998；Slater 和 Narver，2000；D'Avanzo 等，2003）。Mentzer 等（2001）进一步提出，成功的供应链伙伴关系管理不仅改善个别组织的绩效，也能改善整个供应链的绩效。

另外，根据 RBV 理论，企业外部供应链的协调能力和供应链伙伴之间的紧密关系是食品企业一种稀有的、不可模仿和不可替代的、有价值的资源，因此，能给食品企业带来可持续的竞争优势。基于以上理论推理和对相关文献（后期对相关文献进行更深入的整理和分析）的整理分析，本书进一步通过实证研究分析验证外部供应链安全管理对食品企业经营绩效的影响，如图 4 所示。

图 4　外部供应链安全管理的影响因素以及对企业绩效的影响

（二）食品质量信号的中介作用

食品质量具有三种属性，其中，通过寻找属性消费者可以直接了解食品质量的内在和外在特征，因此，不存在信息不对称性问题；食品质量的经验属性是在消费者消费之后才能获知的内在特征，因此，食品的该属性包含企业内部和消费者之间信息的不对称性；食品质量的信任属性是消费者即使在消费之后也无法获知的与食品安全和营养水平等方面的相关特征，因此，食品质量的该属性包含企业内部与消费者之间的大量的信息不对称性。食品质量属性包含的这种信息不对称的直接后果是由逆向选择而造成的市场失灵。根据信号理论，某些信息的提供，比如，品牌、标签、认证等有可能把经验品和信任品转变成寻找品（Andrew Fearne、Susan Hornibrook、Sandra Dedman，2001）。信号理论的核心在于减少两个组织之间的信息不对称性（Spence，2002）。信号理论的重点在于与外部有意沟通有关组织的积极信息，致力于传递组织的正面属性。但不是所有的信号都能够传达信号传达者的意图，有效信号具有两个特点：第一，信号的可观察性。第二，信号成本。

　　消费者对食品不信任，将会导致食品企业面临着比较严峻的问题，尤其是企业的出口受其影响较大。解决由这种信息不对称而带来的问题的途径是给客户传达与产品质量相关的信号（Emmanuel Raynaud、Loic Sauvee 和 Egizio Valceschini，2005）。这种质量信号的重要性在于，它可以方便消费者对产品的寻找和评估，从而为消费者节约有关寻找和评估在产品过程中产生的成本。在工业组织的相关文献中研究过多种不同的质量信号：通过广告（Milgrom 和 Roberts，1986；Nelson，1974；Nichols，1998），树立品牌（Klein 和 Leffler，1981；Thomas，1995），建立声誉战略（Shapiro，1983）、第三方认证（Gal-Or，1989）。通过供应链安全管理能够保证食品安全质量，食品企业所采用的质量信号能够给消费者或市场传递这种产品信息。因而，本书通过实证研究，试图探索食品质量安全信号在供应链安全管理与核心企业经营绩效之间的关系中起到的作用，如图 5 所示。

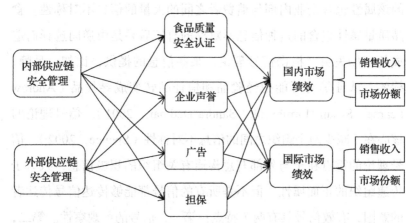

图 5　质量信号在供应链安全管理与（国内和国际市场）绩效之间的中介作用

制度环境、消费环境等众多因素的不同，可能对企业行为以及其产品的需求和标准要求也不同，因而食品质量安全信号对不同市场起到的信号作用也可能不同。因此，本书通过方差分析，试图探索特定的食品质量安全信号对不同市场的信号作用相同与否的问题（质量信号与市场的匹配）。

目 录
CONTENTS

第 4 章

质量安全信号

第 5 章

食品质量、食品质量安全信号与企业绩效关系的实证研究

参考文献

第1章

从供应链到食品供应链

1.1 供应链理论和实践研究

供应链的概念最早出现在 20 世纪 80 年代，但是，到目前为止还没有形成统一的定义。Christopher 把供应链定义为通过上下游的不同过程和活动的链接，以最终消费者提供产品或服务的形式创造价值的组织网络。维基百科对供应链的定义为，供应链是一种产品或服务从供应商转移到消费者过程中的组织、人员、技术、活动、信息、资源组成的系统。供应链活动把自然资源、原材料和零部件转化成最终商品并运送到最终消费者手中。较为常见的定义为，供应链是物品从供应商向下流动到客户，而信息向上下游两个方向流动的一个由供应者、制造者、分销者、零售商和客户构成的系统。供应链以客户与供应商的合理的衔接，使制造商能够及时获取较为真实的用户需求。通过计划、控制和协调等职能活动，使原材料提供、生产、销售等各个环节协调合作，将价值增值的产品提供给消费者，从而实现成本控制和利润增值。

1.2　供应链理论和实践研究的拓展

供应链这种管理理念是 20 世纪 90 年代产生并发展起来的，根据美国供应链管理协会的定义，供应链管理是物品从供应商向下流动到客户，而信息向上下游两个方向流动的一个由供应者、制造者、分销者、零售商和客户构成的系统。根据供应链的定义，它包含了所有供应环节的计划和管理，同时包含与供应商、制造商、中间商、客户、第三方服务的提供者等供应链参与者的合作与协调。供应链管理不仅包含企业内部供应和需求的相关管理，也包含了企业外部供应和需求的管理。

目前，国内外供应链管理的研究从内容上看，从整条供应链设计到单一的供应环节，都有大量的研究文献存在，主要集中在——供应链协调、供应链伙伴关系、供应链结构设计、供应链绩效评价、供应链中的信心共享、供应链牛鞭效应，供应链合约。另外，与供应链运行模式相关的一些研究，比如精益供应链（Lean Supply Chain）、虚拟供应链（Virtual Supply Chain）、敏捷供应链（Agile Supply Chain）等。供应链管理的这些研究重点关注供应链中各个参与者的经济利益。

伴随着经济和社会的发展，供应链管理实践不得不涉及经济、社会和环境等问题，这些问题也成了供应链理论研究的新课题。因而，从不同领域开始出现应对各种环境问题、社会问题和经济问题的供应链相关研究。例如，为了应对资源问题、环境污染问题而提出的可持供应链（Sustainable Supply Chaiin）、生态供应链（Ecological Supply Chain）、绿色供应链（Green Supply Chain）等成为供应链研究领域中的新的内容。为了应对我国食品（农产品）供应中存在的食品质量、安全等问题，众多学者、企业都在努力探讨新的策略。在供应链已有的研究基础上，以提升食品安全和质量作为主要研究对象，对食品供应链进行扩展性的研究是供应链管理研究领域的一个主要课题。目前，食品供应链的相关研究还处于起步阶段，因此，相对分散并且缺乏系统性。

1.3 食品供应链（Food Supply Chain）的概念和内涵

在供应链的概念提出后，学者们也逐步开始针对不同供应链的产品特征设定具体化的研究边界或外延，食品供应链也是研究具体化的对象之一。2006 年，Aramyan 等学者提出了食品供应链的概念，以供应链概念为基础，把食品供应链管理定义为"农产食品从农场到餐桌的整个生产、分销等过程"。食品供应链与其他供应链的区别在于，食品质量安全和食品质量与气候的相关性等因素在食品供应链管理中的重要性（Salin，1998），食品产品包含的有效期限、需求与价格的不确定性等特征，使食品供应链比其他类型的产品供应链更加复杂和难以管理（Ahumada O、Villalobos J R，2009）。食品供应链的叫法五花八门，在不同的研究文献中可以发现，农产品供应链、食品加工链、涉农供应链、农产品物流网络、农业供应链、农产品物流体系、农业商业体（Agribusiness）等，本质上都是依据农产品、食品的产品特征进行的供应链理论研究。依据食品供应链的组织结构和方式，一些学者将食品供应链划分为哑铃型农产品供应链、T 型农产品供应链、对称型农产品供应链和混合型农产品供应链四种。哑铃型农产品供应链是供应链两端的交易主体较多，中间环节少，中间环节交易主体少，呈哑铃型的较短的供应链，发展中国家和靠近城镇的边缘地区常常采用这种形式。T 型供应链是生产者较多且距离销售地较远，需要中间商提供中介服务的呈"T"型的较长供应链，在我国这种供应链形式较为常见。对称型供应链是供应链两端均由少数主体经营，实现规模化生产和仓储式超市垄断销售的供应链，这种结构在生产农场化和销售连锁化的发达国家较为常见。混合型供应链是大型超市主导的，向供应链上游环节延伸，通过建立加工配送中心实现规模化采购和加工，是一种综合型、多品种、大批量的混合型供应链体系。本书认为食品供应链是从一个农民的农场供应开始——农机、种子、农药、肥料以及其他的输入等，然后直接卖给食品加工企业，或者先储存，然后通过企业或代理商在市场上销售，最后到消费者的供应链条，见下图。

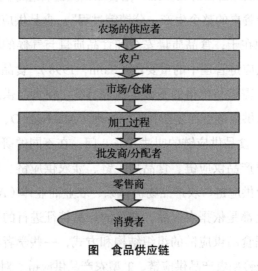

图　食品供应链

食品是国计民生之本，食品供应链的重要性是不言而喻的。我国是农业大国，农产品生产和涉农工业对我国经济的贡献很大，但食品供应链具有一定的脆弱性。

从安全视角来看，食品供应链具有以下几种特点（Whipple 等，2009）：第一，食品供应链涉及的是自然产品，大部分具有易耗性和易变质性等特点，如果不能以正确方式及时处理，会对消费者有害（Akkerman 等，2010）。第二，食品供应链较长，并且参与者之间的依赖性较强，全球化程度越来越深，因而面临较多风险（Henson 和 Reardon，2005；Roth 等，2008；Trienekens 和 Zuurbier，2008；Whipple 等，2009）。第三，食品和饮料产品容易成为有意和无意污染的对象，甚至可能成为实施恐怖行为的目标（Wein 和 Liu，2005；Whipple 等，2009），从而影响整个供应链的安全管理。

第 2 章

食品供应链安全管理

2.1　供应链安全管理

　　供应链安全管理是企业为顾客提供安全产品的主要保障措施，在这方面众多学者做了不少研究。在不同研究中，供应链安全管理的定义有所不同。根据 Closs 和 McGarrell 对供应链安全管理的定义，供应链安全管理是为了防御供应链资产（产品、设施、设备、信息、员工）被盗、被破坏或遭遇其他恐怖行为，防止引进没通过允许的违禁品、人或武器对供应链造成重大破坏而采用的政策、操作程序、技术。该定义显示，供应链安全涉及防止产品受外界不良影响和违禁品从供应链外部流入供应链，核心企业在内部和外部供应链为防御产品的安全做出的努力。也就是说，核心企业内部和外部供应链可能发生"供应链干扰"，这种干扰代表一种供应链风险（Juttner，2005）。有关风险的不同范式的共同特点是伴随着不确定性、决策的做出和潜在的损失。比如，Sitkin 和 Pablo（1992）把风险定义为"决策结果（显著的和令人失望）的不确定程度"。Zsidisin 曾在 2000 年将供应风险定义为"供应的货物或服务的消失或失败"。供应链风险是潜在的、引起单个供应商供应失败的，与供应相关的偶然事件，或者供应市场不能使顾客的需求得到满足或对消费者的生命和安全产生威胁的，与供应相关的偶然事件发生的潜在性（Zsidisin，2003）。供应链风险的这一定义包含了供应风险对消费者或顾客产生的生命和安全方面的影响。供应链风险是供应链内部和外部存在的不确定性因素影响和破坏供应链的安全运行，从而使供应链管理达不到预期目标，使供应链的效率下降、运行成本增加，给整条供应链参与者造成损失的可能性（Juttner，2005）。因此，供应链安全管理是一种风险管理战略。为了更准确地说明和研究供应链安全管理，首先在风险管理的大框架，为供应链安全管理定位（Zachary Williams、Jason E Lueg、Stephen A LeMay，2008）。Juttner 等（2003）认为，供应链风险管理包含四个相关构念：

第一，风险源；

第二，供应链战略的风险因素；

第三，供应链风险管理战略；

第四，供应链风险结果。

对于第一个构念，Juttner（2005）认为，风险源包括任何不能精确预测到的引起供应链干扰的因素，这些风险源包括事故、自然灾害、社会政治事件等。

针对第二个构念，Juttner（2005）提出了增加供应链风险的五个重要原因：过多强调效率而不注重有效性、生产的集中化和配送、供应链的全球化程度越来越高、外包业务的增加和供应基地的减少。这些因素会增加供应链风险，从而影响到供应链风险管理战略。

第三个构念，供应链风险管理战略是企业为了降低整体风险而采取的特定行为。供应链风险缓解战略一般包括避免、控制、合作、柔性等。我们由此可认为供应链安全管理是一种为降低供应链整体风险而采取的供应链风险管理战略（Closs等，2008）。

第四个构念，供应链风险造成的结果，包括供应链的脆弱性（Svensson，2004；Wagner和Bode，2006）和断裂。当供应链风险增加时，供应链断裂的可能性也增加，供应链断裂对公司股价和企业绩效都产生负面影响。以 Juttner 等（2003）的框架为基础，Zachary Williams、Jason E. Lueg、Stephen A. LeMay 提出了供应链风险管理的以下整体框架，见图 2-1。

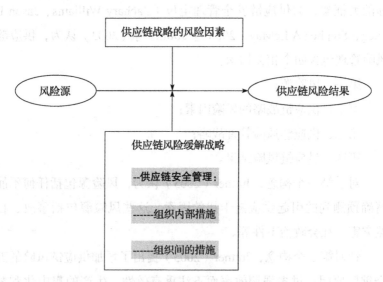

图 2-1　供应链风险管理的整体框架

来源：Gallozzi M，Tucker S.Insuring Against Disaster:Coverage for Product Recalls[N].The Insurance Coverage Law Bulletin，2007（10）．

图 2-1 显示，供应链安全管理是一种风险缓解战略，包括组织

内、组织之间和两者相结合的三种基本方式。而 Bobby J. Martens、Michael R. Crum 和 Richard F. Poist（2011）识别出供应链安全管理的四个组成因素：企业采取供应链安全措施的动机；企业实施安全管理的资源限制；企业供应链的内部和外部一体化；企业对职工的培训和安全绩效的衡量。安全计划能够帮助企业识别安全隐患，建立企业的安全秩序。Rice 和 Caniato（2003）把供应链安全计划分为基本安全计划和高级安全计划（Basic and Advanced）两种类型。基本安全计划主要与企业内部的安全管理有关，包括生产、储存等环节的衔接。实施高级安全计划的方式是供应链伙伴之间的协调（Bobby J Martens，Michael R Crum 和 Richard F Poist，2011）。评估企业内部安全风险方面的研究有：Helferich 和 Cook（2002）、Closs 和 McGarrell（2004）、Svennson（2004）。

大部分企业管理者认为企业内部的安全管理能够在缓解供应链安全风险方面起到重要作用。Rice 和 Caniato（2003）建议，企业应该针对企业外部风险采取相应的安全措施。它包括运输、采购等对于核心企业来说外部的环节。企业外部风险相关的安全计划需要较复杂的协调——企业伙伴之间的协调。有关外部协调的大部分研究把供应链合作当作供应链安全计划的主要组成部分（Sheffi，2005；Cooke，2003；Kleindorfer 和 Saad，2005；Zsidisin 等，2005；Tang，2006）。供应链安全管理的效率很大程度上取决于企业安全计划的完善程度。Helferich 和 Cook（2002）认为，企业的安全计划包含的安全风险的范围越广泛，企业对风险的内部警惕性就越高，从而在危机发生时能够迅速做出响应、较快恢复正常经营或生产。同样，Zsidisin 等（2005）提出了四步计划程序，包括认知的培育、防御、采取补救措施和知识管理。还有一些研究强调企业外部合作的重要性（Centre for Logistics 和 Supply Chain Management，2003；Closs 和 McGarrell，2004；Svennson，2004；Williams 等，2008）。综上述观点，本文认为供应链安全管理包括核心企业内部供应链和外部供应链安全管理两个方面。

2.1.1 内部供应链安全管理

供应链最初是指组织的内部职能的协调整合行为。比如采购、市场营销、分销等不同职能的整合。组织内供应链安全管理是指通过企业执行和控制的职能行为，防止供应链风险，保证或防御企业供应链的安全。实施一个良好供应链的安全管理计划，需要企业内部作出较大的努力。最早的供应链中实施安全管理的方法是把组织的所有职能行为完全一体化，从而实现高效物流计划。组织内的供应链安全管理行为包括防御型和响应型的措施。防御型措施是供应链安全管理最常用的措施。供应链安全管理的内部防御措施包括产品安全和质量方面的制度，比如最低库存、产品的可追溯性、产品生产标准、运输标准、操作标准、作业环境的要求等（Closs 和 McGarrell，2004；Knight，2003；Rice 和 Spayd，2005；Hess 和 Wrobleski，1996）。组织内实施供应链安全管理的另一个逻辑是企业通过安全质量系统认证的概念。尽管企业采取防御型措施，供应链安全事件有时还会发生。因而，有一部分供应链安全文献研究企业的响应能力。研究发现，企业应该了解自己的具体生产经营过程、安全风险以及两者之间的相关性，它是供应链安全管理的核心（Ritter 等，2007）。这种观点认为组织对其内部交通、运输、储存、设备、员工、信息等因素的安全要了解，在了解这些的基础上，企业制定防御和响应安全事件的政策、制度

（Sheffi，2001），当发生供应链不良安全事件时尽快作出响应并恢复正常。有研究强调内部标准化对安全事件的响应以及恢复方面的重要性（Sheffi，2002）。企业内部管理标准化是通过企业管理安全质量系统认证来实现的。

供应链管理的复杂性、依赖性和供应链伙伴关系对信任和承诺的依赖性使供应链需要安全管理（Sarathy，2006）。尽管企业在组织内部能够实施供应链安全管理措施，但这些措施无法保证供应链其他环节的安全（Sheffi，2005a）。因而企业需要组织外部的供应链参与者的供应链安全管理。这种行为就是组织之间的供应链安全管理行为。

2.1.2 外部供应链安全管理

供应链从组织内部协调转换到组织之间的协调，这种协调包括物流、信息流、现金流。换句话说，从原材料到最终消费者的全过程——以外部为焦点。这就是供应链组织之间的视角，这种观点认为，供应链是其所有参与者合作为消费者传递最终价值的过程。供应链组织之间行为的核心是组织之间的关系，也就是供应链伙伴关系。Mentzer（2001）等学者认为供应链伙伴之间的风险和利益共享是供应链的关键组成部分。Souter（2000）强调企业不仅要关注自己的风险，也要关注其供应链的其他环节的风险。在供应链的风险评估中，企业不仅要识别与自己业务有关的直接风险，也要识别在供应链的重要环节中可能引起这种风险的原因或风险来源（Christopher 等，2002）。Sheffi（2001）认为，当与外部参与者合作时，建立一个确保沟通和遵循合作契约的程序是必要的。公司之间合作的任何一个完整的安全计划都包括一个独特的、重要的有关合作的项目（Dobie 等，2000；Rinehart 等，2004；Varkonyl，2004；Wolfe，2001）。从安全角度来说，当合作伙伴缺乏足够保证安全的能力时，应该被替换。此外，当供应链的整体的断裂风险增加时，企业更应该选择在整个供应链传递过程中能够更好保护产品的供应者。企业与关键供应商的外部一体化是能够应对供应链潜在断裂的一个有效机制，它对供应链的柔性产生很大的影响（Braunscheidel 和 Suresh，2009）。供应链伙伴关系越紧密，该供应链的绩效就越高（Bowersox 等，1999）。供应链伙伴之间的紧密关系能够提高供应链管理绩效（Handfield 和 Nichols，1999；Handfield 和 Nichols，2002）。有些企业管理者认为，他们的企业不会受到不良事件的影响，因为他们只管销售（Rogers 等，2004）。而有一部分企业管理者认为，当商品交易结束，当他们的产品转移到其他人的手里时，他们的责任也就结束了（Rogers 等，2004）。该研究发现，大部分供应者不会把供应链安全作为自己的重要责任。如果供应者不采取积极的安全措施，买方企业采取的任何一种安全措施的效率不会太高。如果上游环节缺乏监督和检验方面的安全措施，有毒物质有可能会被引入到食品供应链中，对该供应链的下游企业所采取的安全措施产生消极影响。

物色好供应商是企业经营是否成功的关键因素（Porter，1985）。供应商的选择在企业库存管理、生产计划、控制、现金流的要求，以及产品质量等方面通过其控制的资源产生很大影响（Choi 和 Hartley）。Braglia 和 Petroni（2000）认为，供应商的选择涉及两个步骤：第一，在是否满足特定条件或符合选择标准等方面对供应商进行评估。第二，从符合或超出这些基本条件或选择标准的供应商中选出为企业提供最佳价值的供应商。选择标准被定义为"（买方）用来评价增加企业竞争能力的因素"（Lehmann 和 O'Saughnessy，1974）。因此，供应者的选择是个多重性的决策问题（Dickson，1966；Li 等，2006）。产品价格、交货的可靠性、产品质量是买方评估和选择供应商的主要因素（Braglia 和 Petroni，2000；Chaudhry，Forst 和 Zydiak，1991）。有研究发现企业不愿意为产品的更加安全提高价位（Eyefor Transport，2004）。当采购经理关注不同的风险目标或风险需求时，所对应的采购标准也不同（Cardozo 和 Cagley，1971；Chaudhry、Forst 和 Zydiak，1991；Gustin、Daugherty 和 Ellinger，1997；Hirakubo 和 Kublin，1998；Narasimhan、Talluri 和 Mahapatra，2006；Sheth，1973；Tullous 和 Munson，1991）。

　　Ann Marucheck、Noel Greis、Carlos Mena、Linning Cai（2011）认为，对于产品安全，企业面临的第一个问题是外包和供应链整合，到底哪种方式能够给企业带来更多的利益？ Novak 和 Stern（2008）认为，该问题的关键在于风险防御战略把食品安全问题纳入供应商的选择策略中。Grackin（2008）指出，采取总采购模式比传统的成本基础模式更多地考虑食品的安全问题。她认为，总采购模式把风险管理（产品被污染或掺假）的成本也加以考虑。供应链断裂的高成本、产品的可靠性和潜在的召回等意味着当供应商把风险考虑进去后，采购企业的成本会更高。第二个问题是如何协调和监督供应商的产品安全的相关行为（Ann Marucheck、Noel Greis、Carlos Mena 等，2011）。他们认为企业不仅要确立安全标准，更要制定产品安全原则，并且教育和培训供应商，使他们掌握技术，从而有能力确保产品的安全。第三个问题是如何更有效地教育供应商。Jiang（2009）认为，采取与供应商协作的方式合作，比恐吓、胁迫关系更加持久。

Lambert等（1996）根据伙伴关系的紧密程度把组织之间的关系分为了六种类型。他认为不同的伙伴关系导致不同的关系绩效和供应链经济绩效。因为供应链的复杂性，核心企业的供应链伙伴所处的环节不同，伙伴关系对供应链安全的需要程度也不同。比如，Rinehart等（2004）讨论了供应者与客户之间的七种关系，包括非战略性交易关系、管理关系、合约关系、特定承包关系、伙伴关系、合资企业关系、联盟关系。Closs和McGarrell（2004）发现，在供应链组织之间的关系中，有六种可供采取的供应链安全措施，即基本措施（Basic）、针对性措施（Typical）、高级措施（Advanced）。组织之间的供应链安全措施针对以下组织之间的关系：其他供应链参与者、公共组织、竞争者。Knight（2003）、Sheffi（2005）认为，企业只有与供应链其他伙伴尤其是供应链上下游的伙伴合作，才能成功实施对供应链的安全管理。Johan F. M. Swinnen和Miet Maertens认为，供应链协调从市场交易到完全一体化的多种形式，众多文献试图对其进行分类并解释。常见的分类是市场合约和产品合约。市场合约是买卖双方之间事前制定的有关产品价格和交货方式的契约。产品合约包括承包商为农场提供的管理服务、投入和信贷供应等方面。关于食品供应链的纵向协调形式的出现，Johan F. M. Swinnen和Miet Maertens认为主要有两个原因：第一，消费者对安全和优质食品的需求的增加，促使食品生产者为市场提供安全、高质量的产品，保证食品的供应安全。第二，因为市场的种种不完善和某些制度的缺失，农场为加工商供应他们所需的高质量和可靠产品时将面临很多困难。农场面临的问题大致包括财务投入（信贷困难）、技术和管理能力低，尤其是生产高标准产品时，农户可能缺乏专业知识和技术，并无法获取关键投入资源，比如种子等。为保证供应的持续性和质量，食品经营者或加工商会采取纵向协调的经营模式。

供应链战略与企业或供应链绩效之间的关系是很重要的研究领域（Lynch 等，2000；Morash，2006）。成功的供应链安全管理与组织绩效（投资回报率、销售利润率、市场份额、净收益）正相关（Tracey，1998；Slater 和 Narver，2000；D'Avanzo 等，2003，Anderson 和 Katz，1998；Tan 等，1998；Carr 和 Pearson，2002）。

2.2　食品企业供应链安全管理

因为食品产品的特殊性，食品供应链安全管理包含的内容与一般供应链安全管理相比更加复杂，下文我们具体阐述一些与食品供应链安全管理相关的文献。食品供应链安全管理的主要动机是保证食品的安全和提高食品质量，节约召回成本，防假冒食品，提高可追溯性等。实施食品供应链安全管理的动机研究可以归纳为以下几个方面，如表 2-1 所示。

表 2-1　实施食品供应链安全管理动机研究

研究	动机
Aberdeen Research Group（2004）	产品召回和因不遵守监管而造成的品牌受损（保护品牌资产）
	防止盗版，灰色市场行为，假冒产品
	客户和交易伙伴要求
	在外包业务中提高产品的安全性和可追溯性
Eyefor Transport（2004）	客户要求
	政府压力

2.2.1 食品企业内部供应链安全管理

食品企业内部供应链安全管理的最主要的方式是企业体系认证。认证时使用较广泛的术语，其内容涉及某种标准的评估和认可。一般情况下，认证的申请是企业自愿的，但在一些情况下，企业认证申请是"准自愿"的，比如客户或担保机构的要求、市场需求等。在供应链中，企业申请获得的食品质量安全认证能够提高其良好农产品或生产实践的可见性，并且当食品安全事件发生时，认证也可成为一种有效的担保工具。认证根据其认证内容的不同，可以分为质量安全产品认证和质量安全体系认证两种类型。食品安全和质量的公共和私有标准更是五花八门，大致可以分为通用的食品质量和安全标准和私有食品质量和安全标准。通用食品安全和质量认证系统主要有良好农业生产实践 Good Agricultural Practices，GAPs）、关键控制点的风险分析（Hazard Analysis of Critical Control Points，HACCPs）和国际标准组织（International Organisation for Standardisation，ISO）。私有食品质量安全标准有欧洲零售和采购组织的良好农业生产实践（Eurep-GAP）、英国零售商协会（British Retail Consortium，BRC）、安全质量食品（Safe Quality Food，SQF）等（Jacques Trienekens、Peter Zuurbier，2008）。全球范围较普遍和常用的食品安全质量的标准认证是通用认证标准。我国食品供应链中的企业常用的食品质量安全认证也以通用质量安全认证为主。

GAP 系统包括一系列农业实践的指导原则，以保证达到生产和储存的最低标准。该系统的主题是害虫管理（杀虫剂的最佳使用）、农场的废料处理、维持水质量、工作场所和工作人员的卫生、收获后的处理和运输指南等。近年来，人们对记录、投诉和召回程序、标志等管理方面的问题越来越关注（Jacques Trienekens、Peter Zuurbier，2008）。

HACCP 是识别、评估和控制食品生产中对于食品安全关键步骤的系统方法。如今，大部分食品质量安全认证系统以 HACCP 原则为基础。

HACCP 能够识别产品在生产过程中造成食品不安全的风险因素，并通过设计测量，将风险降低到可以接受的水平。HACCP 以防御风险为目标，而不是对最终产品的检验。HACCP 可以用于食品供应链上的各个环节，从耕作、收获、加工、分销和零售到即食食品。HACCP 包含七项原则。

风险分析（生物的、化学的或物理的）；

识别关键控制点（这些是在食品生产中能够控制或消除的潜在风险）；

对每个控制点，建立关键限值的防御措施；

建立关键控制点的监督程序；

当发现关键限值无法满足时，确立能够采用的正确行为；

建立验证系统正确运行的系统程序；

建立有效的纪录保持，以记录 HACCP 系统。

实施 HACCP 有几项先决条件，例如，卫生设计原则；应具备 GMP 和安全计划；对所有成分、产品、包装材料标准准备书面资料；具备卫生设计原则和维持计划；应符合个人卫生要求，记录程序，确保分开和恰当使用非食用化学材料，也应具备可追溯和召回程序。

ISO9000 是为提高和维持产品质量而制定的国际质量标准，它具有规范化和程序化的特点（Zaibet，1995）。ISO9000 认证保证生产过程的一致性。"获得 ISO9000 认证的企业的产品要符合公司内部制定的质量标准……ISO9000 可以被定义为，被认证的公司在其经营中要服从的质量框架……"（Stringer，1994）。ISO9000 标准体系包括三个基本标准体系。ISO9001 是最全面的标准体系，包括设计、发展、生产、安装和服务等标准。ISO9002 适用于生产全过程中包括有生产、安装、服务而无设计程序的企业。ISO9003 适用于只有最终检验和试验程序，而无设计、生产程序的企业。所有的 ISO9000 认证体系需要第三方的审计。审计机构通过对记录的生产过程与实际质量系统相结合进行评估。ISO14001 是环境管理体系，它是一个组织内全面管理体系的组成部分，包括为制定、实施、实现、评审和保持环境方针所需的组织机构、规划活动、机构职责、惯例、程序、过程和资源。GAP 和 HACCP 认证标准包含技术和管理两个层面，而 ISO 更多地包含管理方面。

国外的相关食品安全质量认证的文献主要集中在 HACCP 认证、ISO9000 系列认证和良好农业规范认证（GAP）等体系认证；有机食品认证（IFOAM，2004）等产品认证。国内的相关文献集中在 ISO9000 系列认证、HACCP、GMP 认证等体系认证；无公害食品认证、绿色食品、有机食品等产品认证。

在全球层面，联合国的食品和农业组织（the Food and Agricultural Organisation，FAO），世界卫生组织（the World Health-Organisation，WHO），同世界贸易组织（the World Trade Organisation，WTO）处理食品安全问题。1962 年，FAO 和 WHO 建立国际食品法典委员会（the Codex Alimentarius），把它作为一个制定有关食品法的全球层面的联合组织。该组织的主要职能是保护公众健康和保持食品贸易关系的平衡，其食品标准范围包括从特定原材料和加工原料特征到食品卫生、杀虫剂残留、污染和标志，并采

用分析和抽样法认定是否符合标准（Luning 等，2002）。Henson
和 Loader（2001）研究指出，很多发展中国家因缺乏资源无法有
效参与国际食品交易。由于缺乏法律约束，这些国家的企业连满
足产成品卫生和植物卫生测量的应用协议（the Agreement on the
Application of Sanitary and Phytosanitary Measures）的要求都比较困
难。主要原因在于不完善的法律体系，在处理食品安全问题时组
织之间缺乏相互协调和知识共享，国内研究机构缺乏资金，以及
缺乏对质量标准的认识（The Ssemwanga Group Ltd，2003）。

在全球范围内，每个国家和地区都有自己的有关食品安全和
质量的法律标准。甚至欧盟内的各个国家的食品安全法律都有所
不同，这使食品贸易复杂化（Esbjerg 和 Bruun，2003）。

食品经营的全球化以及生产和分销系统的相互联系，虽然能
够给那些食品行业巨头带来高额利润，但是，该趋势的另一个后
果是不良食品安全和质量事件的频繁发生。为应对这种不良后果，
过去十年里出现了多种公共和私有食品安全和质量标准；并且，其
应用的范围在不断扩展。这种趋势产生了两个结果：一是很多来
自发展中国家和新兴经济体的企业无法满足这些标准，二是认证
带来的边际成本的增加，也给相关企业带来压力。这就需要一种
能够重新评估认证系统的成本、效益的战略（Jacques Trienekens、
Peter Zuurbier，2008）。

Jacques Trienekens、Peter Zuurbier（2008）研究得出，在发达
国家，食品供应链上的企业把食品质量安全认证体系看作是一种
很好的工业标准，并且现在把关注点更多地放在与消费者沟通相
关食品质量和安全方面的信息上。来自新兴经济体的食品企业正
实施食品质量安全标准，而发展中国家的食品企业还为实施食品

质量安全标准创造条件而努力。食品质量和安全体系虽然能给企业带来利益，但也需要一定的成本。认证能够提高食品的安全性（Es criche 等，2006）能够增加消费者对该食品的信心。认证的另一个益处是，它可能促使企业创新，从而产生更多的竞争优势。但是，随着更多的企业导入认证体系，这种优势会逐渐消失并对于食品企业而言，认证变成一种强制性的要求。在食品供应链中，认证可能降低交易成本。由于认证系统包含产品生产等方面的信息记录，能够提高食品供应链的可追溯性。另外，生产过程的记录使生产和管理实践更加紧密。进一步讲，认证通过记录的质量管理系统向企业外部传递质量信号，因而能够节约（寻找产品等）交易成本（Erin Holleran、Maury E Bredahl、Lokman Zaibet，1999）。企业可能把质量认证系统当作提高其内部经营效率的工具。但是，认证是需要成本的，到底企业遵循认证系统和标准需要多少成本？Gellynck 等（2004a，b）对比利时 17 个食品企业进行调查研究，计算出了食品质量管理所需的投资与成本，如表 2-2 所示。

表 2-2　食品安全投资与成本（欧元 /FTE 2001 年）

每全时约当数（fie）成本范围	GMP/GAP实施成本	HACCP实施成本	认证和审计成本投资	食品安全投资	总和
最少资金来源	1.644	240	37	0	1.555
最多资金来源	9.452	2.408	1.248	14.527	26.165

资料来源：Gellynck X Verbeke W，Viane J，2004a. Wageningen Academic Publishers 2004，217–228.

　　相对于 GMP/GHP 和 HACCP 的实施成本，认证和审计成本很少。前文提到的市场上越来越多的认证系统出现，这些认证系统的成本可能更高。

　　对于这种成本的增加，企业做出怎样的反应？Jahn 等（2004a，b）认为，食品供应链的参与者为维护自己的经济利益，会做出机会主义行为，认证机构的认证和审计成本是固定的，企业会尽可能地降低成本。客户为防御供应者的机会主义行为，要求其供应商做认证。有人假设企业会做出理性行为，不会选择高标准的认证系统，而会尽可能地节约成本。他们对认证市场的不同认证的成本和风险进行评估，选择成本最低，并且包含的风险不会被顾客太重视的认证系统。企业的边际成本等于实施该认证系统的边际成本与认证和审计该系统的成本，以及对客户失去声誉的边际成本之总和，所以，企业不导入认证计划，总成本可能会更高。这一结果也被其他实证研究验证过（Capmany 等，2000）。他们的研究显示，认证的成本和收益能够持平。

　　企业努力获取那些较高标准的认证计划的另一个原因是获得准入某些市场的资格，如图 2-2 所示。

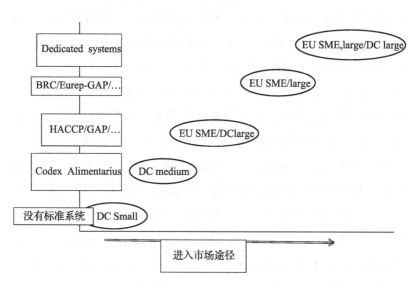

图 2-2　生产者采用不同的食品质量安全认证系统可进入的市场

资料来源：J Trienekens, P Zuurbier / Int. J. Production Economics, 2008（113）: 107-122.

Thanh Nguyen、Anne Wilcock 和 May Aung（2002）通过加拿大食品和饮料行业企业的案例访谈研究发现，所有导入 HACCP 认证系统的企业，同时，采用其他像产品检验和供应商鉴定等方式确保产品质量；所有企业认为，内部审计是确保质量项目的一种途径。Emmanuel Raynaud、Loic Sauvee、Egizioval Ceschini（2005）通过案例研究发现供应链的治理结构与选择什么样的质量保证工具相关，当供应链结构为混合型结构时，声誉资本可以作为主要质量保证工具；当供应链结构更像是市场治理结构时，公共认证系统可以作为质量保证工具。Spencer Henson 和 Georgina Holt（2000）认为食品企业在其供应链中导入食品安全和质量体系认证的动机可以归纳为四个方面：内部效益、获取资格、直接的外部要求和良好实践。然而，各个动机不是完全独立的，相互之间紧密相关，但是，对于不同的企业来说，其认证动机往往侧重于某一方面。根据这一标准，企业可以分为四种类型，即商业主导型（Commercially Driven）、良好实践主导型（Good-practice-driven）、效益主导型（Efficiency-driven）和外部推动型（Externally-driven）。研究还发现，在不同食品行业中，由于法律要求的不同和供应链的纵向和横向结构的不同，导致质量控制的动机因素也不同。而 Miguel Carriquiry 和 Brucia Babcock（2007）认为企业投资高质量产品和实施认证体系的主要动机是维护企业或产品声誉。食品企业在供应链中所处位置及其战略的不同，会使其导入安全质量产品和体系认证的动机也有所不同（Nigel P Grigg 和 Catherine McAlinden，2002；Hassan Fouayzi、Julie A Caswell 和 Neal H Hooker，2006；赵忠俊、梁永柱、李清平等）。

恢复消费者对食品产品的信任是企业申请获得认证的最重要

的动机。食品质量安全认证的重要性在于，它就像企业对其产品的一种承诺。食品安全和质量认证能够节约交易成本，比如买方寻找产品的成本，减少浪费，从而提高整个供应链的绩效（Vijay R Kannan、Keah Choon Tan，2004）。认证有很多不同的形式，企业应根据其供应链的组织形式选择能够匹配的认证项目（Emmanuel Raynaud、LoicSauvee 和 Egizio Valeceschini，2005）。

2.2.2 食品企业外部供应链安全管理

食品企业外部供应链安全管理的一个方式是食品供应链的紧密协调，这种供应链组织形式已成了大部分国家农产食品企业的主要组织形式。农产食品的特征（其前因是技术、规范和社会经济）影响其交易特征（产品特征形成的推动因素本身也会影响交易特征），交易特征会影响到该行业中企业的组织形式（治理结构）（Jill E Hobbs 和 Linda M Young，2000）。

供应链的纵向协调是保证食品的质量安全、降低各项交易成本和风险的重要组织形式，是农户与供应链上下游组织之间的经济合作，其范围包括完全市场交易到完全一体化的所有治理结构（Frank 和 Henderson，1992）。政府在保证食品供应的安全质量方面的作用，比如加强农产食品安全法律法规和监督，以及农产食品供应链治理结构的合理布置是解决或缓解农产食品安全问题的相辅相成的两个方面。政府在保证食品质量安全方面的治理措施主要涉及政策规划。周德翼、柏振忠（2004）等从政府监管的视角分析和讨论农产品质量安全的管理问题，但并没有涉及农产品供应链的协调等问题。国外关于食品质量安全与供应链治理结构之间关系的文献研究比较多，Maze 等分析了供应链治理结构对食品质量的影响问题（2001）。Vette（2002）等研究认为，供应链的纵向一体化能够解决信任品由于市场的信息不对称造成的道德风险和逆向选择问题。Weaver 和 Hudson（2001）基于交易成本理论与不完全契约理论对农产品供应链中的契约协调进行实证研究。Jill E Hobbs 和 Linda M Young（2000）基于交易成本理论研究总结，在全球范围内，食品行业中供应链趋向紧密纵向协调的组织形式。这种变化趋势的主要推动力是技术、规范和社会经济等因素。这些推动因素通过影响产品特征间接影响交易特征，如表 2-3、图 2-3 所示。根据交易成本理论，交易成本是企业治理结构的主要决定因素，食品供应链中发生的各种交易成本使食品供应链呈现越来越多的紧密协调。

表 2-3   产品特征、推动因素和交易特征之间的关系

	买方不确定性：质量	买方不确定性：供应可靠性（时间和数量）	卖方不确定性：寻找买方	卖方不确定性：（价格）	交易频率	关系型投资	交易的复杂性（结果多样性）
产品特征							
易耗性	√	√	√		√		√
产品多元化	√	√				√	√
质量多样性和可见性							
质量多样性和不可见性	√	√		√			
产品新特征对消费者的重要性	√	有时	√	√		√	√
规范因素							

续表

	买方不确定性：质量	买方不确定性：供应可靠性（时间和数量）	卖方不确定性：寻找买方	卖方不确定性：（价格）	交易频率	关系型投资	交易的复杂性（结果多样性）
责任	√			√		有时	√
可追溯性				√		√	√
技术因素							
企业特有的技术						√	有时

资料来源：Jill E. Hobbs and Linda M.Young，2000.

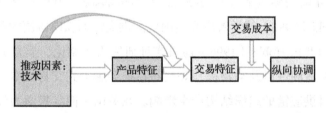

图 2-3　产品特征、推动因素和交易特征之间关系的一般模型
资料来源：Jill E. Hobbs and Linda M.Young，2000.

　　如今，消费者对食品供应者有着自己的要求，而且对食品供应和服务不断有新的需求出现。要满足客户的这种需求及要求就需要供应链的逆转，也就是供应链从产品主导转变为市场主导型。这种逆转要求整个供应链和该供应链的每个企业的重新设计和重新定位。市场主导型的供应链能够及时、准确地回应市场，并具有柔性。实现市场主导型供应链逆转需要完善的纵向紧密协调的供应链战略和行为（Henk Folkerts 和 Hans Koehorst,1997）。（Susan A Shaw 和 Juliette Gibbs，1995；Gordon Studer，2007；Linda M Young 和 Jill E Hobbs，2002；张春勋、刘伟、李录青，2010）绝大部分农产食品的最终质量很大程度上依赖于产品链的各个阶段，因而食品质量信号发出者与不同产品生产阶段的供应者之间的关系很重要。Emmanuel Raynaud.etc（2002）基于新制度理论分析，研究质量信号、供应链协调和制度环境之间的关系，并通过比较分析识别、比较和解释不同的质量信号所匹配的不同的治理模式。该研究通过7个国家的3个（肉加工、奶酪和水果与蔬菜）行业的42个案例进行比较分析，验证一般假设：以确保质量信号的可信性，产品质量特征与供应链的治理结构应该相互匹配。支持 Mighell 和 Jones（1963）的一部分学者强调在食品行业供应链纵向协调的多元性［比如 Frank 和 Henderson（1992）、Peterson、Wysocki（1998）等学者研究美国食品供应链的纵向协调的不同方式］。Jill E. Hobbs（1996）通过实证研究得出结论，质量的一致性、可追溯性以及动物福利等交易特征会影响到交易成本，交易成本对供应链的组织结构产生影响。在英国牛肉零售商为保持牛肉质量的一致性、可追溯性以及动物福利等方面，以确保满足消费者的需求，与其供应商建立战略联盟。也就是说，通过与其供应商建立战略联盟的供应链协调方式节约为保持产品质量的一致性、可追溯性以及动物福利等方面获取信息的成本。农产品的质量安全涉及从生产、加工到销售的整个农产品供应链。

食品企业外部供应链安全管理的另一个逻辑是紧密的供应链合作伙伴关系。在不同文献中供应链伙伴关系有着不同的表述方式，供应商——制造商关系（Supplier-manufocterer Relationship）、供应链合作关系（Supply Chain Relationship）、买卖双方关系（Supplier-buyer Relationship）、供应商关系（Supplier Partnerships）、供应链联盟（Supply Chainalliance）、公司间网络（Inter-firm Network）、战略网络（Strategic Network）等，表达的意思基本相同，但研究的侧重点有所不同。Jarillo（1988）把战略网络定义为在不同而又有关系的盈利性组织之间长期的、有目的的安排，使这些组织获得和维持对网络外部竞争者的竞争优势。Bleeke 和 Ernst（1991）认为，伙伴关系是独立组织之间所建立的策略性关系，它们拥有共同的目标，并共同努力实现各自无法独立完成的目标，因此，重视彼此之间的关系。建立伙伴关系的主要动机是获取竞争优势。Treasury（1993）认为伙伴关系是为实现共同利益而建立的合作关系。HerZog（2001）把伙伴关系定义为享有共同目标的组织，为实现共同目标而建立的相互高度依赖的战略关系。Baker（2002）认为，供应链伙伴关系是供应链中两个或更多独立组织之间形成的一种协调合作关系，以实现特定目标和提高绩效。建立伙伴关系以提高信息共享水平，减少库存、降低成本以及提高该供应链的运作绩效。马士华、林勇（2005）认为，供应链合作关系是供应链中供应商与制造商或者制造商与经销商，在一定时期内共担风险、共享信息和利益的伙伴关系。汤世强（2006）认为，供应链战略合作伙伴关系是相互独立的供应链上下游企业基于共同目标、信任，共享信息和资源、共担风险、共享利益的非正式长期协议关系。

第 3 章

食品质量、安全（Food Quality and Safety）属性

3.1 引言

　　现代消费者需要新鲜、美味、有营养和安全的食品。这种市场推动型因素对于未来农业的发展有重大意义，因为这些因素对维持食品安全、环境保护以及农业利润的获取等方面产生较大的影响。当农业从数量主导型转变为重视质量、安全、功能以及可持续性时，对于建立能够保证安全、高质量食品的供应链产生新的需求。供应链的安全管理是保证食品质量安全的有效手段，但是，消费者从食品产品的外观很难判断其质量和安全性，因此，食品企业通过对供应链的安全管理保证食品的质量和安全的同时，还通过向消费者传达其产品的正确信息，一方面可以保障客户价值，另一方面还能提升企业供应链的竞争力。

3.2 食品安全、质量的含义

3.2.1 食品安全

食品安全这一概念在不同时期的定义有所不同。1984 年世界卫生组织（World Health Organization，WHO）对食品安全给出的定义是，为确保食品的安全、可靠而在生产制作过程当中所采取的各种必要的措施。其中的生产制作过程包括从一个农户的农田到餐桌的所有过程。1996 年，世界卫生组织把食品安全重新定义为，根据食品产品的原定用途，在进行制作或食用时，保证消费者不受到伤害的一种担保。到了 21 世纪，该概念的含义有所扩展，其内涵包括政治概念、社会概念、法律概念等，成了一个综合性的概念。

一般认为，食品安全包含两层含义：狭义的食品安全概念是保证生命安全，维持身体健康；广义的食品安全概念是持续提高人类的生活水平，实现健康和可持续发展。结合以上观点，本书认为，食品安全（Food Safety）问题是指食物中有毒、有害因素对人体健康的影响。这些因素包括物理因素，如杂质和放射性物质；化学因素，如农药、兽药和添加剂；环境因素，如受污染的空气、水和土壤中超标的重金属；生物因素，如生物毒素、真菌毒素、细菌、病毒、寄生虫和原虫、食源性有毒动植物、过敏物质和转基因因素；流通管理过程因素，如有毒包装材料、假冒伪劣产品、过期腐败产品等。

3.2.2 食品质量

食品质量是个多维度的概念。Luning、Mercelis、Jongen 认为食品质量特征是能够满足消费者期望的内在和外在特征。内在特征包括产品的卫生安全和保健价值、外在吸引力、保质期、产品特征合规性以及便于消费性。食品质量的外在特征取决于其特定的生产系统特征（比如，食品在保存流程中能够接受的食品生产水平），环境条件对食品及其生产的影响（包装材料的重复利用或可利用性），以及营销行为对消费者认知的增强（通过品牌策略、标记法和价格）。

3.3 食品的安全属性和质量属性

食品的质量属性包括食品的安全属性（食源性致病菌、重金属、农药残留、食品添加剂、自然生成的毒素、兽药残留）、营养属性（脂肪含量、热量、纤维、钠、维生素、矿物质）、价值特性（纯度、成分的完整性、尺寸、外观、味道）、包装属性（包装材质、标签，提供的其他信息）、过程属性（动物福利、生物技术的使用、环境的影响、杀虫剂的使用、雇员安全）（Julie A Caswell、Maury E Bredahl 和 Neal H Hooker）。在被普遍认同的产品属性分类中，产品的属性被分为了三类（Darby 和 Karni，1973）。这三类产品属性分别是寻找属性、经验属性和信任属性，如下图所示。寻找属性指的是消费者在确认购买之前需要寻找满意的产品，产品的这类

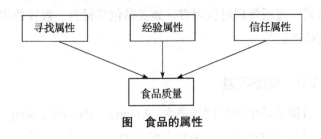

图　食品的属性

属性中并不存在之前所说的信息不对称问题。经验属性是指唯有在消费者购买并使用一个产品后才能得知该产品的一些内在品质，然而，这时消费者都不会完全得知有关该产品的所有信息，因此，产品的经验属性中便自然包含了信息不对称问题。信任属性则是在消费者在购买了该产品之后都无法得知的产品信息，顾名思义，产品的这类属性很大程度上包含了信息不对称性。绝大部分食品都具有经验属性和信任属性，农产食品这两种属性所包含的信息不对称性，使食品产品经常遇到消费者的信任问题，如下表所示寻找属性、经验属性和信任属性的信息不对称性增加。正因如此，信息的不对称性对食品企业来说便成了一个不可小觑的问题。而当信息不对称性涉及食品安全问题时，食品企业更应将其作为一个重要的考虑因素。因为这时信息的不对称性所带来的不仅是产品销量的问题，更是人身安全事故所带来的不可推卸的责任和重大的信任危机。

表 基于信息经济的产品分类

寻找属性	经验属性	信任属性
在购买之前能够知道产品质量	消费后才能知道产品质量	消费后都无法得知产品质量 （消费者只有通过第三方认证信息才能获知产品的质量情况）
新鲜程度、外观	味道、有效期	营养成分、受污染情况等

3.4 食品供应链中信息不对称问题

食品质量属性中的经验属性和信任属性存在的信息不对称引起的主要问题有道德风险、逆向选择问题。大部分农产食品具有信任属性和经验属性，购买或者消费前无法观测到其质量（Cho 等，2004）。因此，消费者面临"事前"不确定性。这种不确定性可能会延续到食品不良事件发生之后，比如食源疾病发生后才知道该食品的质量特征（缺陷），如果消费者不能确定疾病的来源，那么将面临"事后"不确定性。另一方面，当考虑农产食品供应链时，食品生产企业也会面临食品安全的信息不对称问题（Antle，2001），因为企业所用的原材料（农产品）也同样具有信任属性和经验属性，其质量是同样无法观测到的。

　　基于信息不对称性，研究食品安全问题的文献比较少。Hobbs （2004）研究食品供应链的食品安全质量和食品其他属性的信息不对称问题的应对措施，认为解决这种问题的有效方式就是建立追溯系统。Starbird（2005，2006）等基于委托代理模式，分析实现食品的可追溯性的成本与安全质量不良事件带来的成本的比较，并区分了采取安全质量措施的供应商与没有采取安全质量措施的供应商所产生的不同效用。

3.4.1　道德风险

　　当从外观不能直接观测到产品的质量特征，并且生产安全、质量高的产品的成本相对较高时，将可能产生道德风险问题（Holmstrom，1979；Harris 和 Raviv，1979；Grossman 和 Hart，1983）。Priest（1981）研究指出对于道德风险（Moral Hazard）问题质量保证契约（Warranty Contract）的重要性。Kambhu（1982）、Mann 和 Wissink（1983）指出，当生产商和消费者之间出现双边道德风险（Double Moral Hazard）时，双方分别选择在生产商保证质量水平和消费者关心程度（Consumer Care）两方面的最优策略的模型。Russell 和 Tomas（1985）通过建立模型分析，存在双边道德风险时如何通过质量保证契约影响产品的质量问题。Elbasha 和 Riggs（2003）使用双向道德风险模型，基于控制措施在不可观察的环境，生产者和消费者在食品安全问题上将表现出次优水平的努力。研究得出信息不对称性是影响食品安全的主要因素。Hennessy、Roosen 和 Msranows（2003）研究得出，在食品供应链中，风险沟通能够减少道德风险问题的发生。Stathird（2005）提出监控策略对保证质量安全方面的努力程度有关的道德风险的影响。

3.4.2　逆向选择

美国经济学家乔治·阿克洛夫（Gcorge Akerlof）提出市场交易中的"逆向选择"的概念，他研究的主要问题是，产品质量信息对于生产商与消费者之间的不对称性及其可能造成的后果。逆向选择是指在产品市场中，如果消费者无法知道真实的产品质量，可能产生的后果是高质量产品生产者可能有被具有低成本优势的低质产品生产者从市场中驱除的倾向（Akerlof；Rothschild 和 Stiglitz；Stiglitz 和 Weiss）。Chalfant 和 Sexton（2002）提出，食品供应链中逆向选择问题产生的主要原因之一是质量定级误差。他们认为，产品质量定级误差可能会导致逆向选择，但是，逆向选择可能会增加行业范围的福利。供应链管理中存在的逆向选择问题通过核心企业在供应链中充分发挥产品质量信号传递机制的作用等方式能够避免。

第 4 章

质量安全信号

4.1　食品质量和安全信号

食品质量属性的信任品和经验品所包含的信息不对称造成的食品企业的道德风险和逆向选择等问题可以通过质量信号的使用来得以缓解。Akerlof（1970）等经济学家指出，当价格作为产品质量的唯一信息时，很容易出现经验品和信任品的逆向选择问题。通过传递质量信号等方式完善消费者所获取的信息，能够恢复部分市场效率（Emmanuel Raynaud、LoicSauvee 和 EgizioValceschini，2002）。解决由这种信息不对称而带来的问题的途径是给客户传达与产品质量相关的信号（Emmanuel Raynaud、LoicSauvee 和 Egizioval Ceschini，2005）。他们把质量信号定义为：①区分一个产品从纵向和横向两个维度而采用的独特的名称；②为消费者提供产品相关特征信息的一个名称。这种质量信号的重要性在于，它可以方便消费者对产品的寻找和评估，从而为消费者节约在寻找和评估产品过程中所产生的成本。相关文献中提及了多种不同的质量信号：通过广告（Milgrom 和 Roberts，1986；Nelson，1974；Nichols，1998），树立品牌（Klein 和 Leffler，1981；Thomas，1995），建立声誉战略（Shapiro，1983），第三方认证（Gal-Or，1989）。在本书中，产品安全质量信号则被较为狭隘地界定为核心企业声誉以及产品质量认证。

4.2 食品质量安全信号的类型

4.2.1 核心企业声誉

声誉是对产品质量的一种预告，因为它是由长期以来不断积累的认知以及对过去事件的总结逐渐建立起来的。企业所销售的产品可能是没有品牌的，但是，它依然可以通过企业的声誉得到传播，企业的声誉越高，消费者越乐于购买该产品。事实上，有很多学者试图描述并整合声誉的概念，但是，目前为止，人们对声誉还没有明确的定义（Barnett、Jermier 等，2006；Fischer 和 Reuber，2007；Love 和 Kraatz，2009；Rindova、Williamson、Petkova 等，2005）。Donald Lange、Peggy M. Lee、Ye Dai（2011）通过对声誉的历史文献进行研究后指出，根据定义框架和观测主题，声誉的定义主要以三种形式出现：知名（一般认知或企业的可见性；对企业显著性的公众认知）；因某一东西或某方面而知名（组织产品在认知方面的可预见性或其行为与特定公众利益的相关性）；一般好感度（组织整体的认知或评价），如下表所示。

表　声誉的测量和研究发现

组织声誉定义强调的维度	提出者	样本	声誉的测量	关键发现
以某一方面或某一东西而知名	Benjamin and Podolny（1999）	加利福尼亚酿酒商	以第三方评级的二手数据作为质量声誉的测量	声誉对酒价产生积极影响
	Standifird（2001）	易趣商	对商家的积极和消极反馈评级	积极评级对最终拍卖产生积极的影响，而消极评级产生消极的影响
	Roberts and Dowling（2002）	大公司	把《财富》杂志的"最受尊敬的公司"的声誉测量维度分解成盈利能力和独立于盈利能力的声誉维度	声誉不是一成不变的；声誉好的公司能够获得高于行业水平的盈利
	Saxton and Dollinger（2004）	在一个行业中的并购——标准行业分类代码为28	通过问卷调查，了解并购者认为的并购者声誉指标特征（产品质量管理、财务）	收购目标的声誉（产品质量和财务指标）有助于提高收购者对它的满意度；目标企业的产品质量方面的声誉与并购企业对其市场绩效认知呈正相关关系
	Rhee and Haunschild（2006）	汽车生产商	以第三方质量评级的二手数据作为企业声誉的测量工具	当发生产品召回事件时，高声誉企业受到的市场惩罚（对于销售）更加严重

续表

组织声誉定义强调的维度	提出者	样本	声誉的测量	关键发现
	Dimov, Shepherd, and Sutcliffe（2007）	被选的风险投资公司	声誉用过去投资行为和媒体能见度两个维度来测量	财务专业化与初期投资呈负相关关系；低声誉能强化这种负相关关系
	Doh, Howton, Howton et al.（2009）	从 Calvert 社会指数中企业会被加入或剔除	企业社会责任声誉用 Kinder、Lydenberg and Domini（KLD）创建的打分标准来测量	前期社会责任声誉若对股市产生消极影响，该企业将从 Calvert 社会指数中剔除
一般好感度	Deephouse（2000）	在单一市场中的商业银行	以媒体喜爱的系数作为声誉的测量指标	声誉对资产收益率产生积极影响
	Martins（2005）	商学院；商学院的高层管理者	商学院声誉的第三方排名	组织声誉和高层管理者对组织身份认知存在差距；这种差距可以成为管理者在组织变革方面努力的动机
	Boyd, Bergh, and Ketchen（2010）	公司招聘（美国商学院排名）	商学院声誉是潜变量，包括认知质量、学生 GMAT 分数、媒体排名，以及员工发表的文章、员工声誉	声誉对提名数量有积极影响，而对溢价产生间接影响（MBA 毕业生的平均起步工资）
多维度：因某一方面或某个东西而知名和一般好感	Deephouse and Carter（2005）	美国商业银行	会计计量和资产质量作为财务声誉的指标；与媒体报道成正负系数，以测量公众声誉	高财务声誉的组织有能力不按常规战略也能维持其高财务声誉

组织声誉定义强调的维度	提出者	样本	声誉的测量	关键发现
某一方面或某个东西而知名	Rindova, Williamson, Petkova et al. (2005)	公司招聘(美国商学院排名)	商学院的声誉通过其是否卓越(被评级机构选择)和认知质量(招聘评级)来测量	卓越与溢价相关(MBA 毕业生的平均起步工资)

声誉建立在信任的基础之上，消费者对企业的信任度越高，市场信号对其接受者的影响就会越强。同样的结论对品牌而言也是适用的。声誉是通过产品的质量和价值与顾客建立联系的，因此，声誉的建立是一个传达大量不同类型的信息的过程，包括产品质量及其一致性。对于食品的经验属性而言，声誉的建立可以提供给顾客有关产品的大量信息，使顾客能够识别该产品与其竞争品之间的任何不同。

4.2.2 产品认证

食品安全和质量认证是产品质量和安全的一种担保方式。食品安全认证是保证食品不会造成危害(对人或动物)。食品质量认证是保证食品满足特定标准。如果食品的安全特征包括在质量认证系统中，那么，质量认证则包含食品的安全属性。食品的质量属性所包含的食品生产企业和消费者之间的大量信息不对称，需要食品生产企业选择一种适当的手段，向市场传递其产品的正确信息，有时还需要第三方组织的介入。其实，产品认证是第三方(认证机构)对食品生产企业的产品达到某种质量和安全标准的一种担保。

为生产安全、高质量的食品，以保证消费者的安全、健康，保护生态环境，从 20 世纪 90 年代开始，农业部、国家环保局等政府机构对农产食品陆续启动了无公害食品认证、绿色食品认证、有机食品认证等工作。

（1）无公害食品认证。

无公害食品是最低标准，以生产地认定与产品认证相结合，为保证消费者的基本安全需求而实施的强制性管理制度。随着我国无公害农产食品认证制度的逐步完善和无公害农产食品的发展，国内有一部分学者开始对其进行较广泛的研究。樊红平（2007）认为生产者申请获得无公害认证的主要压力来自市场和模仿等。万靓军等（2008）分析了无公害农产品认证和无公害产品的总体发展趋势。杨柳、龙怀玉、刘鸣达、罗斌、丁保华、雷秋良、张认连（2009）从技术角度对无公害农产品的产地环境进行了分析。

（2）绿色食品认证。

绿色食品是能够达到食品安全标准的食品，其卫生和安全指标一般高于国家标准，如下图所示。绿色食品代表的是"安全、高质、环保"，绿色食品认证一般与证明商标相结合使用。

绿色食品的生产和物流过程都会对食品质量产生影响。由于绿色食品的供应链过长，食品企业供应链的纵向一体化虽然可以保证产品质量，但是，成本过高。因此，要采用能够保证食品质量的管理手段，即供应链的协调管理。张敏（2006）认为通过对供应链管理理论的运用，构建绿色食品供应链，通过供应链伙伴之间的合作生产的契约交易替代市场交易，一方面能够降低交易成本，另一方面可以提高物流管理水平。李洁等（2012）提出了我国绿色食品供应链发展的制约因素，比如，交通基础设施建设较为滞后，食品冷藏运输专用车辆托运效率低下，港口冷藏设备和冷藏仓储设施缺乏，食品绿色供应链的信息技术平台尚未形成等问题，并提出了相应的措施。

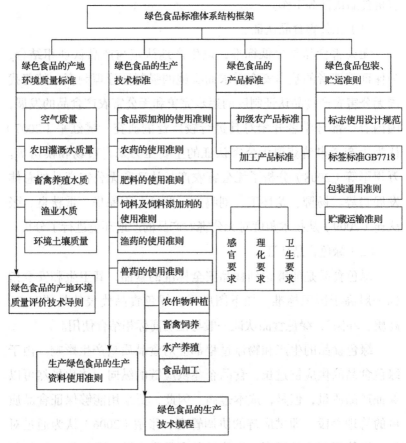

图　绿色食品标准体系结构框架

来源：中国绿色食品发展中心（2008）。

杜红梅（2009）提出加工企业与其下游零售商定价的绿色食品供应链决策模型，针对普通食品与绿色食品共存，并且消费者对两种食品有不同偏好的市场条件，分析了绿色食品定价及协调机制问题。周荣征等（2009）提出绿色农产食品封闭供应链的概念，认为绿色农产食品封闭供应链在整个供应链中综合考虑了资源利用效率和环境影响等因素，以供应链管理技术为基础，通过对农产食品供应商、生产商、销售商和用户组成的网络进行管理，将绿色管理意识贯穿于农产食品的产品设计中。在制造、包装、运输、使用和报废处理的整个产品生命周期中通过绿色设计、绿色材料、绿色工艺、绿色生产、绿色包装和绿色回收等技术手段生产出绿色产品，使农产品供应链中各企业共同盈利，并减小对环境的负面影响，使资源利用效率提高，增强封闭供应链的管理。一方面，可以提高农产品生产的市场反应速度，节约交易成本，降低库存数量，缩短生产周期，提高服务水平，提升产品质量，增加产品销售利润，最大限度地满足客户的要求和社会的需要；另一方面，也可以确保绿色农产品的质量安全，确保生态环境的安全，确保生物资源的安全，以提升农业企业的综合经济效益。

质量是绿色农产食品的生命，绿色农产食品的生产和流通必须要有一套独特的质量保证体系，从场地的选择、环境的监测、劳动者的素质、生产计划的制订和工艺技术规程的落实，乃至于生产后的产品包装、保鲜、储运和销售等各个环节都要有严格的质量管理规范，并落实到位，真正做到从种子到餐桌的全过程质量监控，以保护生态环境，保障食品安全，促进绿色农产品产业的可持续发展。

黄福华和周敏（2009）通过分析在封闭的供应链环境下如何实施共同物流，以实现对绿色农产品的全供应链管理，并设计了四种共同物流运作模式：单点集中控制模式、全供应链绿色物流共同运作模式、绿色农产品物流区域集成模式、复合式绿色农产品共同物流模式。通过综合运用以上几种模式，可以实现绿色农产品的共同物流。

（3）有机食品认证。

有机食品（Organic Food）是指遵循可持续发展的基本原则，生态环境不受到污染，根据有机农产品的生产要求进行生产，生产活动有助于建立并恢复生态系统的良性循环，以及获得独立认证机构认证的食品。有机食品生产的核心是生态环保。

20世纪90年代，有机食品得以迅速发展。我国有机食品虽然起步比较晚，但发展迅速。1984年，中国可持续农业发展中心、中国农业大学开始了对有机食品的研究。1994年，国家环保局有机食品发展中心成立，从此，我国有机食品认证管理工作在全国展开。1995年，环保总局制定了《有机食品标志管理章程》以及《有机食品生产和加工技术规范》，从而形成了较为全面的有机食品的生产标准和有机食品的认证管理体系（张东送、庞广昌、陈庆森，2003）。为了与国际市场接轨，《有机食品认证标准》基本上与国际通用标准一致（曹玲、于淑娟、高文宏，2002）。

食品的质量认证被认为是消费者对食品安全风险认知的战略响应（Andrew Fearne、Susan Hornibrook、Sandra Dedman）。这种战略措施通过向市场传达产品的质量等相关信息，以消除或管理消费者购物前的风险认知（这种风险认证与食品的信任属性相关），从而影响消费者的消费行为。Mazzocco注意到，"……认证系统作为一种信号能够减少购买物质资料和服务的寻找成本，作为一种与客户沟通的手段，它也能够节约销售成本"（Mazzocco，1996）。

认证被认为是企业之间的一种协议，它是一种差别化战略，通过企业之间交换信息、协调、控制，甚至通过供应链的重新设计以较低的成本实现较高的客户价值。企业为成功必须相互合作，因而企业面临的主要挑战是发展好的合作伙伴，有效利用彼此的能力，从而提高供应链的功效。供应链的实际竞争能力并不取决于其获得的认证系统，认证系统只是一个促进因素，企业之间的协作能力才是提高其竞争能力的关键因素。

交易成本很难被正确地测量（Hobbs，1995）。有研究者认为，食品交易的交易成本与识别和选择食品供应者有关（Erin Holleran、Maury E Bredahl、Lokman Zaibet）。买方一旦选择了潜在的供应商，就需要对其生产过程进行审查，对他们的产品进行评估。这些过程都需要的交易成本就是寻找成本。ISO9000 认证等通过提供企业生产过程的保证节约交易成本。认证系统可以作为卖方与买方之间的沟通机制，通过提供买方有关产品生产过程的信息，从而减少其产品属性方面的不确定性。具体来说，认证可以减少以下几个方面的交易成本：

（1）供应商的识别。

食品的安全属性和质量属性不能够直接被观察到，而且获取这方面的信息需要成本。得到更多的产品安全方面的信息的一个途径是，确认该供应者的生产过程是"安全"的。认证系统像 ISO9000 和绿色产品认证，为供应商的识别提供一个框架（Erin Holleran、Maury E Bredahl、Lokman Zaibet）。

（2）合约协商。

在合约协商的过程中，客户提出有关产品和加工要求，而且希望确认供应者能够满足其要求。在产品和生产过程方面双方达成一致时，客户将会要求对供应商进行实地考察或审查。若供应商已获取产品的质量认证，这些过程已被第三方完成。因此，认证能够节约合约协商成本，比如不完整合约（Erin Holleran、Maury E Bredahl、Lokman Zaibet）。

（3）合约的确认和执行。

合约的确认和执行是交易的关键因素。买卖双方在交易过程中都致力于防御自己的交易风险，比如不完整合约。因为人的有限理性，这种风险是不可避免的，认证能够节约这种交易成本（Erin Holleran、Maury E Bredahl、Lokman Zaibet）。

产品认证或体系认证通过经营绩效的提高为企业创造增值价值。认证能够保证参与企业的销售，从而能够提高整个供应链的利润率。通过高标准生产过程和高质量产品改善整个供应链的经营能力。高质量生产产生更多的价值，以及通过优化生产减少成本。认证的这种功能可以提高供应链的竞争能力。供应链的这种竞争能力对于一个地区或一个国家都很重要。

第 5 章

食品质量、食品质量安全信号与企业绩效关系的实证研究

5.1 食品质量安全信号在供应链质量安全管理与企业绩效关系中的中介作用的实证研究

5.1.1 引言

根据文献综述，围绕初始提出的主要问题，我们将首先讨论理论模型的构建，然后逐步提出模型涉及的具体假设关系，说明以供应链安全管理为前因的、以食品质量安全信号（核心企业声誉和食品质量安全信号）为中介机制的、以核心企业国内销售绩效/出口绩效为结果的两组结构性关系。

现代食品的质量安全问题并不是一个部门或一个单位的责任，而是涉及食品供应的整个环节，也就是说涉及从农田到餐桌所有环节的安全控制。如果其中任何一个环节的食品源发生污染或出现不安全问题，都可能随着大范围流通而扩散至全国甚至全球。

因此，供应链安全管理对食品质量安全的影响以及食品质量安全信号对供应链管理与食品企业在不同市场绩效的中介作用的比较研究，便成为本文研究的主题。从食品供应链和供应链安全管理出发，本文试图运用交易成本理论、资源基础观和信号理论等，通过对二手数据的分析、多案例研究等实证方法，系统地探讨了食品供应链安全管理的维度、来源和绩效；质量信号在供应链安全管理与绩效之间的中介作用；质量信号对不同市场的作用。在此基础上，探索食品供应链安全管理的实施过程和作用，以及对食品企业信号战略在不同市场所带来的绩效进行对比分析，为食品企业供应链的有效推进和信号战略的正确提出提供借鉴和指导，从而帮助他们开拓新的利润增长空间。

5.1.2　概念模型的提出

（1）食品供应链的安全管理与企业绩效。

传统上安全管理被认为是交易过程中的冲突管理，但是，今天的安全管理主要以组织风险侧面为主（Banomyong，2005；Thai，2009）。供应链断裂对企业供应链绩效产生直接的消极影响，因而供应链安全管理被认为是重要的（Thai，2009）。供应链安全管理的目标是保证组织能够安全地实现其经营绩效和战略目标（Ching-Chiao Yang 和 Hsiao-Hsuan Wei，2011）。企业实施安全管理的动机有很多种，包括保持品牌形象；满足消费者需求或交易伙伴的要求；增加产品的可追溯性（The Aberdeen Group，2004）。

根据 RBV 理论，供应链安全管理能力是组织的重要战略资产，因此，会给企业带来可持续竞争优势以及优异的绩效。自从 Barney（1991）提出，RBV 便成了管理理论史中最有影响力并引用最多的理论，它试图解释企业可持续竞争优势的内部来源（Jeroen Kraaijenbrink、Spender、Aard J Groen，2010）。该理论的中心命题是，企业想要获得可持续的竞争优势，必须拥有和控制有价值的、稀有的、不可模仿和不可替代的资源和能力，再加上组织能够吸收并能应用该资源或能力（Barney，2002）。食品企业的供应链安全管理能力包含的企业内部各个职能部门的协调能力，以及与其外部供应链中各个伙伴之间关系的协调能力形成一种不可模仿的、不可替代的、稀有的和有价值的竞争资源。因为食品企业的竞争能力主要来自其保证食品质量安全的能力，食品企业通过内部各个职能部门的协调，使食品在企业内部的生产过程和产品本身的质量安全得以保证；食品企业通过其外部供应链中各个伙伴之间的紧密协调，一方面能够控制和保证食品在整个供应链的生产过程和产品本身的质量，另一方面与伙伴的合作过程中能够吸收先进的生产管理技术等，以提升其生产管理能力。

食品和食品原材料的信任属性和经验属性使买方和卖方之间的信息不对称问题更加严重，从而造成交易成本的提高。由于食品生产的特殊性，食品供应链的不同环节在生产过程存在很大的差异性，造成专有资产投资，从而为机会主义行为创造条件。为解决交易存在的这些问题，越来越多的食品企业使其供应链纵向协调。供应链的协调，一方面可以解决信息不对称问题，另一方面通过供应链的不同环节纳入企业内部防止因资产专用性而产生的机会主义行为。

不同的研究文献对交易成本定义的表述有所不同。不过，科斯认为，交易成本至少应该包括两项成本：一是"以价格作为标准寻找正确产品的成本"，即为寻找某一特定商品的相对低价，因获取和处理该商品相关的市场信息而付出的成本，这种成本一般在交易进行之前发生。二是"在订立合约和监督履约过程中发生的交易成本"，即交易协商中发生的讨价还价、合约的订立以及合约执行情况的监督等成本，这种成本一般在交易进行当中发生。科斯认为还包括因未来环境的不确定性带来的风险造成的成本，即为未来可能发生的风险成本的界定，度量和避免而发生的成本。

继科斯对交易成本理论进行的突破性研究之后，其他学者也对该理论的发展做出一定的贡献。其中，威廉姆森对该领域的研究发现引起了学术界的广泛关注。威廉姆森（Williamson，1975）称交易费用为"交易的摩擦力"，他将交易成本分为交易发生之前的费用和交易发生之后的费用。交易成本包括交易关系的建立，收集相关交易信息，进行讨价还价协商，订立合约，监督合约的履行情况，违约等所带来的所有直接和间接成本。威廉姆森对交易成本的影响因素进行分类，他认为影响交易成本的因素可以归纳为交易主体——人的行为要素和交易本身的特征要素两个方面。

交易主体——人的行为特征是有限理性和机会主义行为。"有限理性"的概念是由西蒙（H.A.simon）提出来的，他认为，因为人获取外部信息和处理这些信息的能力是有限的，因此，作为决策主体的人不能达到完全理性而只能达到有限理性。也就是说，交易者在交易之前不能获取与交易相关的所有信息，也不能对交易之后的各种可能性完全预测到，因而所签订的交易合约是不完全的。这种交易主体——人的有限理性造成的交易成本，就需要通过适当的方式和手段降低到最低，选择不同的治理结构和合约形式是降低有限理性带来的成本的一种有效策略。机会主义行为发生的前提是交易双方之间的信息不对称，当交易一方无法获取交易另一方与交易相关的真实信息时，掌握信息多的一方可能采取以牺牲对方利益为代价的对自己有利的行为。这种机会主义行为无疑会使交易成本增加，这就需要用某种制度来防止或约束这种行为。威廉姆森认为，交易特征包含三个纬度：交易的不确定性、交易频率和资产专用性。资产专用性是指对特定交易所需的某一方面的长期投入，当该交易终止时全部或部分不能改为他用。在这种情况下，交易的终止造成专用资产的因不能改为他用而受到的损失，这就需要交易双方采取某种措施降低这种损失。交易的不确定性的影响因素有很多，主要有外部环境和消费者消费习惯的改变等因素造成的不确定性，交易双方的信息不对称、彼此依赖程度的不同等因素造成的不确定性。交易的不确定性给交易双方带来一定的成本，这就需要选择不同的治理结构和合约形式防止或降低这种成本发生的可能性。交易频率是交易发生的次数，交易频率越高，交易成本就会越高。交易成本的存在，一方面，可能会导致交易结果的非帕累托最优，甚至阻碍某些交易活动的发生；另一方面，随着交易成本的增加，激励人们发现节约交易成本的新途径。根据交易成本理论，企业间实现纵向协调的根本原因就是为了节约交易成本，实现各个交易方利益的最大化。供应链作为一种供应链参与者的纵向协调的组织形式，其优越性取决于供应链参与者的协作而带来的交易成本的节约。在农产食品供应链中，企业与农户建立共生伙伴关系的主要动机，从交易成本理论的角度而言，就是为了节约资产专用性、信息不对称性而造成的机会主义行为带来的成本。

综上所述，根据 RBV 和交易成本理论，食品企业的供应链安全管理既可以看成是企业获得绩效和竞争力的重要方式，也可以作为降低交易成本和风险的一种手段。

供应链安全管理是一种风险缓解战略，包括组织内、组织之间和两者相结合的三种基本方式（Rice 和 Caniato，2003）。本书从供应链安全管理的内部供应链安全管理和外部供应链安全管理两个维度分析供应链安全管理与食品企业绩效之间的关系。

①内部供应链的安全管理与食品企业的绩效。

组织内供应链的安全管理是指，通过企业执行和控制的职能行为，防止供应链风险，保证企业供应链的安全。要想实施一个良好供应链安全管理计划，企业的各个职能部门在协调合作方面需要做出较大的努力。在最早的供应链中实施安全管理的方法是把组织的所有职能行为完全一体化，从而实现高效物流计划。组织内的供应链安全管理行为包括防御型和响应型的措施。防御型措施是供应链安全管理最常用的措施。供应链安全管理的内部防御措施包括产品安全和质量方面的制度，比如最低库存、产品的可追溯性、产品生产标准、运输标准、操作标准、作业环境的要求 等（Close 和 McGarrell，2004；Knight，2003；Rice 和 Spayd，2005；Hess 和 Wrobleski，1996）。

根据交易成本理论，安全质量认证体系可以在食品供应链中降低交易成本，由于认证系统所包含的有关产品生产等方面的记录，能够提高食品供应链的可追溯性。另外，对生产过程的记录使生产和管理实践更加紧密。进一步讲，认证通过记录的质量管理系统向企业外部传递质量信号，因而能够节约（寻找产品等）交易成本（Erin Holleran、Maury E Bredahl、Lokman Zaibet，1999），比如，能够节约协商和监督成本，节约买方寻找成本，通过标准化生产减少浪费等，从而能够提高整个供应链的绩效（Vijay R

Kannan、Keah Choon Tan，2004）。企业可以把质量认证系统当作提高其内部经营效率的工具。综上所述，内部供应链的安全管理能够提高企业对不良安全事件的防御、响应、恢复能力，有利于企业内部的协调、统一管理，提高企业的生产效率、节约交易成本，因此，能够对企业产生积极影响。

根据 RBV 理论，企业内部各个职能部门的无缝协调、完善的生产和管理能力是食品企业稀缺的、不可模仿和不可替代的能力之一，这种能力为企业创造价值，因而我们提出以下的假设。

H1a：内部食品供应链的安全管理对食品企业在国内的销售绩效产生正向影响。

H1b：内部食品供应链的安全管理与食品企业出口绩效产生正向影响。

②外部供应链的安全管理与食品企业的绩效。

食品供应链的主要特征是保证食品的质量和安全，从而提高供应链绩效。最终市场的食品安全质量依赖于供应链的几个不同阶段，因此，为遵循食品安全质量规范和避免潜在的消极需求效应，食品供应链有必要纵向协调，而且纵向协调是实现可追溯性和最终产品满足特定标准的必要手段（Abdelhakim Hammoudi、Ruben Hoffmann 和 Yves Surry，2009）。食品供应链纵向协调的主要动机是减少交易成本。交易成本是交易过程中的相关成本，当交易频繁发生，以及需要专用性资产投资时，机会主义行为就可能发生，从而增加交易成本。在这种情况下，纵向协调可能是更有效率的供应链的组织方式，可以最大限度地降低风险。供应链的协调和控制与供应商的确认相关，尤其需要专用性资产投资时，与供应商建立稳定的关系能够降低供应风险，提高创新能力和产品区分能力。供应链的紧密协调使企业能够获得市场信息，尽快适应市场变化或调整产品特征。另外，供应链的协调使得企业获得专有投资，从而更好地区分其产品。供应链纵向协调的企业对信息交换的要求减少，从而可以节约获取信息的成本。另外，纵向协调的供应链能够引进易于改进产品的更高效和专业化的程序和组织结构（G W Ziggers、J Trienekens，1999）。尽管实证研究相对有限，但是，有证据表明食品供应链的纵向协调通过参与者的严格控制能够提高该供应链在所属行业中获得溢价的能力。供应链的纵向协调通过书面合约和规范供应链上下游参与者的行为来实现。供应链战略与绩效之间的关系是个重要的研究领域（Lynch等，2000；Morash，2006）。成功的供应链管理与投资回报率、销售利润率、市场份额、净收入（Anderson 和 Katz，1998；Tan 等，1998；Carr 和 Pearson，2002）等组织绩效呈正相关关系（Tracey，1998；Slater 和 Narver，2000；D'Avanzo 等，2003）。Mentzer 等（2001）进一步提出，成功的供应链管理不仅能改善个别组织的绩效，也能改善整个供应链的绩效。实证研究支持这一观点（Minand Mentzer，2004）。结果，很多组织投入很多资源发展并增强其供应链。

有研究认为，既然供应链管理对绩效产生影响，供应链的安全管理也对供应链的绩效产生影响（Zachary Williams、Jason E Lueg、Stephen A LeMay，2008）。Thibault 等（2006）认为，安全管理能力高的企业能够提高盈利能力，能够改善与客户的关系。因而我们需要了解供应链的安全管理对企业（不同形式的）绩效的关系（Zachary Williams、Jason E Lueg、Stephen A LeMay，2008）。对供应链安全管理的投入能够降低整个供应链系统的成本，提高组织的可见性，改善运输追溯，提高客户的满意度，增加利润（Sarathy，2006），维护品牌，以及提高市场份额（Eggers，2004）。

到目前为止，没有实证研究验证供应链的安全管理与绩效之间的关系。我们通过文献研究发现，食品供应链的安全管理的有效方式是供应链的纵向协调。供应链纵向协调能够保证食品的安全和质量。根据交易成本理论，食品供应链的纵向协调对企业的财务绩效产生影响。因为纵向协调能够减少供应商与核心企业之间的信息不对称性，防止机会主义行为的发生。另外，能够节约交易协商、寻找伙伴等交易成本。因此，我们认为供应链的协调可以有效提高企业的财务绩效，因为在一个比较紧密、协调的供应链中，供应商能够较好地了解企业的需求，从而能够满足企业不断变化的需求。与供应商沟通有关产品、生产过程、生产计划和生产能力等方面的信息能够帮助企业制定生产计划、促进生产任务按时完成、提高物流绩效等（Barbara B Flynn、BaofengHuo、Xiande Zhao，2010）。供应链管理包括两个方面：采购供应管理和运输与物流管理。采购与供应管理主要涉及与供应商建立长期关系。如果企业协调好这种关系，它对企业的战略和运营能力将起到杠杆作用（Stuart FI，1997；Narasimhan R、Jayaram J，1998），从而提高企业绩效。

另外，根据 RBV 理论企业外部供应链的协调能力和供应链伙伴之间的紧密关系是食品企业的一种稀有的、不可模仿和不可替代的、有价值的资源，因此，能给食品企业带来可持续的竞争优势，因而我们提出以下假设。

H2a：外部供应链的安全管理对食品企业在国内的销售绩效产生正向影响。

H2b：外部供应链的安全管理对食品企业的出口绩效产生正向影响。

（2）食品质量信号与企业绩效。

①食品质量安全认证与企业绩效。

要想知道食品的质量和安全是否符号标准，就需要掌握有关食品的信息。完全信息只是理论概念，在现实生活中基本不存在。不完整信息是指买方和卖方都只能获得有限信息，现实市场一般都只能提供有限信息。除了有限信息，还存在信息不对称性。信息不对称性是指，对于某一个交易方信息不完整性相对更加严重。比如，企业相对客户对于产品的生产过程更加了解，但是，对于产品的安全属性不一定比客户更清楚（Antle，1998）。然而，大量文献认为，买方通过把风险转移给卖方的方式应对质量不确定性问题。转移风险的方式有很多种，包括担保、许可、第三方认证等（Akerlof，1970；Bowbrick，1992；Swinbank，1993；Ogus，1994）。质量认证计划也是一种风险转移的方式。食品的某些质量特征是很明显的，而有些特征是无法立即确认的。根据信号理论，某些信息的提供，比如，品牌、标签、认证等有可能把经验品和信任品转变成寻找品（Andrew Fearne、Susan Hornibrook、Sandra Dedman，2001）。信号理论的核心在于减少两个组织之间的信息不对称性（Spence，2002）。信号理论的主要因素包括信号发出者、接受者和信号本身。信号发出者是知情者（内部人员）能够获得个人（Spence，1973）、产品（Kirmani 和 Rao，2000）或组织（Ross，1977）等外部人员无法获取的相关信息。信号是指内部人员能够获得有关组织的积极和消极信息，并且他们要决定是否向外部公众或组织传递这些信息。

信号理论的重点在于，与外部有意沟通有关组织的积极信息，致力于传递组织的正面属性。但不是所有的信号都能够传达信号传达者的意图，有效信号具有两个特点：第一，信号的可观察性。它是指外部公众或目标组织对该信号的关注。如果信号不能被外部公众或目标公众观察到的话，这种信号很难被（公众）接受（Brian L Connelly、S Trevis Certo、R Duane Ireland 等，2011）。信号成本是有效信号的第二个特征。信号成本是信号理论的关键，因而有人把它称为"高成本信号理论"（Bird 和 Smith 等，2005）。不同组织消耗信号成本的能力不同。比如，获得绿色食品认证的成本很高，因为认证过程消耗时间，还需要认证费。然而相对于低质量生产者，这种成本更易于被高质量生产者消耗或承担，因为，低质量生产者为获得这种认证需要更多地改进。信号的接受者是信号理论的第三个关键因素。根据信号模型，接受者是缺乏组织的相关信息，并且愿意获取这些信息的外部人员（公众）。同时，信号发出者和信号接受者的部分利益是有冲突的，比如，信号发出者以牺牲信号接受者的利益为代价获取利益（Bird 和 Smith，2005）。

很多管理研究用信号理论解释信息不对称性对不同研究背景的影响（Brian L Connelly、S Trevis Certo、R Duane Ireland 等，2011）。一项有关公司治理的研究显示，公司的首席执行官们经常通过能够观察到的财务指标向潜在的投资者传达无法观察到的产品质量信息（Zhang 和 Wiersema，2009）。信号理论对于人力资源管理也很重要。多项研究指出，很多公司在招聘中用到各种信号（Suazo、Martínez、Sandoval，2009）。Thomas L. Sporleder 和 Peter D. Goldsmith（2001）认为，食品的质量和安全特征是无法观察到的，因而需要以某种信号把正确的质量和安全信息传递给客户（或消费者），并且认为信号问题有三个关键因素：信息不对称性、激励不对称性以及难以测量性。针对基因工程、食品安全、动物福利等在食品供应链中存在的诸多问题，企业需要向其客户传达其产品的无形社会属性方面的信息。同时，客户和社会也向企业反馈他们收到企业的信息的反应，也就是说，信号问题是双向的。

Spence（2002）认为信号理论的核心在于为解决广泛的经济和社会现象的信息不对称性问题，在获取信息过程中需要的成本。该理论涉及的一个关键问题是高质量的公司和低质量的公司（Kirmani, Rao, 2000）。尽管公司知道自己的实际质量，但外部的公众或其他组织可能会不知道。也就是说，公司与公众之间存在信息不对称性（Brian L Connelly、S TrevisCerto、R Duane Ireland、Christopher R Reutzel, 2011）。因此，公司面临着是否传递与其相关的正确信息的选择。财务经济学家通过几个例子诠释这种关系。例如，公司的债务（Ross, 1973）和分红（Bhattacharya, 1979）代表公司的质量信号，根据该模型，只有高质量的公司才有能力长期盈利，以及分红给其股权所有者。相反，低质量的公司没有能力支付这种长期支出（Brian L Connelly、S TrevisCerto、R Duane Ireland、Christopher R Reutzel, 2011）。Stiglitz（2002）认为，当"不同的人知道不同的事"时，会出现信息不对称性。Stiglitz（2000）强调两种信息的不对称性：质量相关信息的不对称性和意图相关信息的不对称性。在第一种情况下，当一方对另一方的特征不完全了解时，信息不对称性很重要；在第二种情况下，当一方认为另一方的意图或行为意图对其重要时，信息不对称性也很重要（Elitzur 和 Gavious, 2003）。信息不对称性和意图相关信息的大部分研究认为激励是降低个人行为道德风险的有效机制（Jensen 和 Meckling，1976；Ross，1973）。

　　Akerlof（1970）最早提出了买卖方之间存在的信息不对称对质量信号的影响以及因此而造成的市场失灵问题。他对"次品"市场进行分析，结果表明，当卖方和买方存在对产品质量信息不对称的情况时，会因逆向选择而造成高品质的产品在市场上难以存在，或者市场只能提供"次品"。也就是说，如果不能很好地传递"质量信号"，市场无法区分高品质产品和"次品"，卖方没有动机向市场提供高品质产品，只能提供"次品"。Grossman（1981）认为，对于经验品市场，只要质量信号充分而有效，该市场将会有效运转。对于食品质量的经验属性而言，由于消费者在消费后可以了解其质量属性，因而生产者会有一定的动机去传递相关的质量信号。由于食品是生活必需品，一般都会被重复购买，就通过重复购买激励生产者为了维持其声誉而努力向市场提供高质量的产品，因此，声誉可以作为传递食品质量信息的一种信号。对于食品质量的信任属性而言，由于消费者在消费以后可能都无法完全了解食品的质量状况。这种信息的完全不对称使消费者面临严重的食品质量安全与健康风险。因此，有必要由足以令消费者信任的第三方介入市场，提供有效信号传递机制，从而解决食品质量安全信号的市场失灵问题。这个第三方既可以是政府，也可以是非政府组织。我们认为食品安全质量认证可以作为传递食品质量信息的一种信号。

　　有研究指出，企业导入食品质量安全认证的主要动机之一是提高企业的竞争能力。由于食品企业具有同质性，食品安全质量认证通过（对产品的特定标准、成本结构和资源的不同）区分产品，提高企业的竞争能力（Abdelhakim Hammoudi、Ruben Hoffmann 和 Yves Surry，2009）。通过产品质量安全认证的企业很容易满足公共标准（Segerson，1999；Lutz 等，2000），而且在较严格的规范条件下，也能达到相关标准。因此，我们认为，食品质量认证能够成为食品进入市场的阻碍，能阻止新进入者进入该市场。另外，它也能从市场中淘汰一部分企业（随着食品质量安全标准的提高，无法达到该标准的企业将被淘汰）。食品质量安全认证的积极作用不仅表现在供应方面，在提高企业的竞争力方面它也发挥着巨大的作用。食品质量的安全认证为消费者提供有关食品的质量和安全方面的信息。这些信息能够帮助消费者评估食品质量，提高产品生产过程的透明性和产品的可追溯性（Dickinson 和 Bailey，2002）。消费者为"安全食品"愿意支付潜在的溢价促使食品企业认证其产品，并且愿意为消费者提供相关信息（Roosen，2003）。在信息不完整的情况下，产品的质量是区分产品而获得竞争优势的重要方面（Caswell 等，1998），而产品质量的安全认证是向消费者传达这种信息的一种信号（Roosen，2003）。当供应链为最终市场提供的安全食品遭遇失败时，消费者对感知的风险而不是客观风险作出反应时，传达食品质量安全的正确信号显得尤为重要（Grunert，2005）。因而，正确评估消费者为感知的风险愿意支付的溢价是食品企业选择某种特定标准或认证所面临的挑战之一（Grunert，2005；Giraud-He´raud 等，2009）。

产品认证通过经营绩效的提高为企业创造增值价值。认证能够保证参与企业的销售业绩，从而能够提高整个供应链的利润率。通过高标准的生产过程和高质量的产品改善整个供应链的经营能力。高质量生产会给企业带来更多的价值，通过优化生产也能减少成本。认证的这种功能提高了企业的竞争能力。高效市场的一个关键构成因素是精确发出信号的能力，因而提出假设。

H3a：食品质量的安全认证（产品认证）对食品生产企业在国内的销售绩效产生正向影响。

H3b：食品质量的安全认证（产品认证）对食品生产企业的出口绩效产生正向影响。

②核心企业声誉与企业绩效。

"一个组织的声誉可能是最重要的战略资源"（Flanagan 和 O'Shaughnessy，2005；see also Hall，1992）。越来越多的研究认为，好的声誉对企业具有战略价值（Dierickx 和 Cool，1989；Rumelt，1987；Weigelt 和 Camerer，1988）。声誉能够区分一个公司与其竞争对手（Peteraf，1993），降低信息的不对称性和消费者的不确定性（Weigelt 和 Camerer，1988），甚至能够替代复杂的治理机制（Kogut，1988）。声誉与公司的绩效密不可分（Fombrun 和 Shanley，1990；Roberts、Dowling，2002；Shamsie，2003）。为什么有些组织的绩效比其他组织的要好，究其原因，是其享有较高的声誉，在声誉方面占有优势。

Rindova、Williamson、Petkova 和 Sever 做了一项研究，他们通过整合之前对声誉的相关研究，提出声誉这一构念的两个维度——感知质量和市场声望。每个维度都有它特定的前因和对绩效的贡献。他们认为，有些利益相关者把声誉与公司提供的高质量的产品或服务联系起来，而另一些利益相关者则认为，公司的声誉就是组织的外部声望。把声誉当作感知质量的根基在于经济取向，感知质量来自投入、成分及生产性资产的质量；把声誉当作外部声望是根据社会学的传统而来的，声誉主要通过媒体、专家的介入及从属于高地位的参与者树立起来的，如 5-1 所示。根据信号理论，Rindova 等人认为，公司对产品投入的资源质量会影响到感知质量，降低买方的成本，提高买方的信心，从而使公司提高产品的价格，这将导致公司绩效的改善。他们根据制度理论还认为，声誉的外部声望维度为客户情愿为产品支付溢价提供依据。

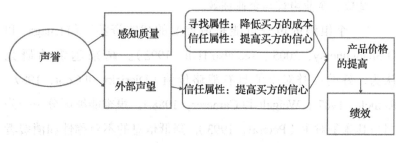

图 5-1 声誉、产品属性、绩效之间的关系

　　资源观认为公司的声誉是公司最重要的无形资产，它由公司的内部投资和外部评价两方面的交互而形成（Dowling，2001；Roberts、Dowling，2002；Shamsie，2003）。从这个观点出发，声誉可定义为"一般组织属性"（Roberts 和 Dowling，2002）。声誉的价值来自于其带来的竞争优势，以及最终取得的高绩效。具体来讲，声誉的基本决定因素很复杂，常常嵌入在组织内部，可能具有很高程度的模糊性，还有不可模仿性，为公司的持续盈利创造机会（Roberts、Dowling，2002），使声誉成为公司最重要的资产（Hall，1992）。进一步说，内外因素结合在一起形成一种提升和区分公司声誉的良性循环（Podolny，1993）。这些因素结合在一起产生协同价值，以及稀缺性和难复制性（Barney，1991；Peteraf，1993）。声誉通过传递质量信号，降低信息的不对称性，而声誉的内部因素，像领导、文化等可作为取得超正常绩效的基础（Weigelt、Camerer，1988）。P. W. Roberts 和 G. R. Dowling（2002）进一步通过实证研究得出，具有高声誉的企业更能够保持持续的高绩效。

公司的声誉能够减少交易伙伴的风险。在产品市场中企业的声誉（Fombrun，1996）和其产品品牌（Aaker，1992）能够使其客户理解、处理和储存该公司的相关信息，从而提高客户的购买信心。同时，能够提高客户购买前和使用前的满意度（Aaker，1992）。更重要的是，公司的声誉对企业的成长产生积极作用（Yoon 等，1993）。高声誉的公司推出新产品的速度相对声誉一般的企业要快。（Yoon 等，1993）。从而我们假设。

H4a：企业声誉对食品企业在国内的销售绩效产生正向影响。

H4b：企业声誉对食品企业的出口绩效产生正向影响。

（3）供应链安全管理、食品质量安全与信号战略。

从前文分析讨论，我们已经清楚供应链的安全管理（内部供应链的安全管理和外部供应链的安全管理）会对食品的质量产生积极的影响。换句话说，食品供应链的安全管理的主要目的在于提高或保证食品的质量和安全。向市场提供的食品的质量越高，食品企业向市场传达这种积极信号的动机越强烈，其采取信号战略的可能性就越高。

提供高质量（或安全）的产品或服务的生产者，或服务提供者为区分其产品或服务与其他低质量的产品或服务，而采用的战略称之为信号战略（Michael Dewally、Louis Ederington，2006）。信号战略包括建立好的声誉、第三方认证、担保和信息纰漏几个方面。本书试图探索企业声誉和第三方认证的信号作用，并以食品企业作为样本进行分析，比较这两种信号战略的作用。

①供应链的安全管理与食品质量安全认证。

食品企业进行内部供应链安全管理的主要目的是为了提高其产品质量。企业内部供应链的安全管理能力越高，其越能够保证产品的生产质量，比如企业导入的质量安全体系认证越全面，发生食品安全质量不良事件的几率越低。食品质量安全认证中的第三方认证是区别高质量食品与低质量食品的主要手段，内部供应链安全管理能力高的企业能够较容易通过较高级别的产品安全质量认证。因而我们提出假设。

H5a：内部供应链的安全管理水平越高，食品企业通过食品质量安全认证的几率就越大。

从前文讨论获知，食品企业外部供应链安全管理的主要实现方式是其供应链的协调。企业外部供应链的协调能力越高，越能控制其产品的生产过程、保证产品的质量和安全。产品的质量安全认证，一方面能够区分产品，另一方面也能创造增值价值。因此，能够生产高质量食品的企业有动机以及有能力为其产品进行食品质量安全认证。综上所述，我们提出假设。

H5b：外部供应链的安全管理水平越高，食品企业越有能力通过更多的食品质量安全认证。

②供应链的安全管理与核心企业声誉。

形成企业信号机制的另一个因素是区分其产品的品牌或者企业的声誉。声誉其实是一种市场信号。声誉建立在信任的基础上，信任度越高，声誉对受体的影响越大（Herbig 和 Milewicz，1997）。品牌一方面是为区分产品，另一方面是企业声誉的一个维度（Thomas L Sporleder 和 Peter D Goldsmith，2001）。因此，品牌保护或品牌化是生产多种产品的企业普遍采取的措施，适用于同一品牌的多种产品。品牌保护或品牌化为经验品提供一些信息，因为消费者事前无法观测到、验证或测量某一产品与其他竞争产品之间的区别。品牌为消费者传达产品的身份，也就是说，消费者通过对品牌的辨认能够事前获得信任品和经验品在质量和安全方面的信息，因此，品牌产品获得溢价是合理的。品牌化不是说完全区分，只是存在区别。这种区分信号的传达可以通过不同方式完成：通过广告（Milgrom 和 Roberts，1986；Nelson，1974；Nichols，1998）、声誉的建立战略（Shapiro，1983）、担保（Gal-Or，1989）或简单地通过投资建立品牌（Klein 和 Leffler，1981；Thomas，1995）。消费者信任品牌产品，因为企业对其进行投资，如果企业无法给客户传递正确的产品，消费者的重复购买行为将不会出现，企业将会面临一系列的风险：损失品牌资本、担保费用、声誉以及广告费用等。因此，只有高质量的产品才能成为品牌产品，并且在市场上获取溢价。明确品牌化能够缓解"柠檬问题"，因为在企业与消费者之间有一种隐性契约，企业没有任何动机发出不正确的产品信号。消费者体验到的产品应该与他们所期望的产品或与其广告内容是一致的。

声誉的两个方面影响食品的价格：一是品牌的知名度；二是该企业的产品被认为是好或坏（在质量和安全方面所获得的奖项）。

供应链安全管理水平高的企业能够保证食品的质量安全，以及能够为市场提供高质量的食品，并且有能力建立并保护其产品品牌。另外，生产高质量食品的企业通过广告等形式向市场提供产品特性等相关信息与其真实产品特性是一致的，从而该企业也能够建立较高的市场声誉。因而，我们提出假设。

H6a：内部供应链的安全管理有助于食品企业建立好的声誉。

H6b：外部供应链的安全管理有助于食品企业建立好的声誉。

（4）供应链安全管理，食品质量信号与企业绩效。

①食品质量安全认证对供应链安全管理与绩效之间关系的中介作用。

众所周知，消费者很难从一个产品的外观或者包装上识别出产品质量的好坏，更无法从产品说明中得到一些有关食品供应过程的重要信息（Akerlof，1970）。一方面体现了产品精美的外观并不代表其所含成分的安全度，另一方面体现了产品说明的模糊、夸张等问题。无法精确得知产品信息、对包装现有的产品说明持有怀疑，在这样诸多的不确定性中，消费者无法在短时间内做出购买一种产品的决定，更不可能一次性大批量地购买某一种不熟悉的产品。由此可见，供应商和消费者之间的信息不对称性已经在很大程度上影响到了食品在市场上的销售。解决由这种信息不对称而带来的问题的一种方法是给客户传达与产品质量相关的信号（Raynaud 等，2005）。这种质量信号的重要性在于，它可以方便消费者寻找和评估产品，从而节约在寻找和评估产品过程中所产生的成本。很多相关文献研究过多种不同的质量信号：通过广告（Milgrom 和 Roberts，1986；Nelson，1974；Nichols，1998），树立品牌（Klein 和 Leffler，1981；Thomas，1995），建立声誉战略（Shapiro，1983），引入第三方认证（Gal-Or，1989）。食品质量认证被认为是对消费者食品安全风险认知的战略响应（Hobbs、Fearne 和 Spriggs，2002）。这种战略措施通过传达产品质量的正确信息，影响消费者购物前的风险认知，从而对消费者的行为产生影响。消费者的这种风险认知主要与食品的信任品属性有关。Mazzocco（1996）认为，作为一种产品质量安全信号的认证体系能够降低购买产品或服务的寻找成本，它可以作为一种与客户沟通的手段，以及能够节约销售成本。

产品认证对内部供应链的安全管理与企业绩效之间关系的中介作用。供应链的安全管理是保证食品质量安全的有效途径，内部供应链安全管理的水平与产品的质量正相关，食品质量安全认证向市场传递该产品的正确质量属性。食品质量安全认证的另一个作用在于，它能够使产品增值，比如，有机食品除了为消费者传递安全的质量信号之外，还为产品增值，消费者愿意为有机食品支付高价。从交易成本理论视角来看，食品安全质量认证通过影响交易成本（消费者寻找和评估产品的费用，当不良事件发生时，企业的召回成本、承担诉讼责任等费用），对企业绩效产生影响，从而提出假设。

H7a：供应链内部的安全管理对食品企业在国内的销售绩效的正向影响是通过食品质量安全认证的中介作用实现的。

H7b：供应链内部的安全管理对食品企业出口绩效的正向影响是通过食品质量安全认证的中介作用实现的。

产品认证对外部供应链安全管理与企业绩效之间关系的中介作用。从前文已知，外部供应链的安全管理通过供应链的协调来实现。食品企业外部供应链的协调对生产安全、高质量的食品产生积极影响，食品质量属性的特点促使生产安全、高质量食品的企业向市场传递其产品质量安全的信号。食品的质量对该食品的价格产生积极影响。从而我们提出假设。

H8a：供应链外部的安全管理对食品企业在国内的销售绩效

的正向影响是通过食品质量安全认证的中介作用实现的。

H8b：供应链外部安全管理对食品企业出口绩效的正向影响是通过食品质量安全认证的中介作用实现的。

②核心企业声誉对供应链的安全管理与绩效之间关系的中介作用

一个企业的声誉是消费者在对该商品的反复购买过程中逐渐积累并建立起来的。想要激励企业持续不断地生产高质量的产品，溢价是一个必不可少的条件（Klein 和 Leffler，1981；Shapiro，1983）。溢价的价值实际上代表着一个企业信誉的经济价值或者"声誉资本"（Klein，1996）。有关产品质量的信息不对称问题越严重（比如花在发现产品质量问题上的时间越久），企业"声誉资本"的价值就会越高。然而，溢价仅仅作为声誉机制解决潜在质量欺骗隐患的必要条件而存在。质量欺骗有时会成为导致顾客终止交易关系的原因，企业也会有相应的声誉上的损失，从而在一定意义上成为一个隐患或者威胁。因此，解决质量欺骗问题的根源在于企业的自我执行力。一个企业的可信程度依赖于它的声誉资本。值得一提的是，由于企业的声誉依赖于它的自我执行力，因此，在声誉机制中政府不会起到太大的作用。食品企业的产品质量和安全不仅与其自身的生产过程和产品有关，而且与其供应链中其他供应者和加工者有关。食品企业要想为消费者持续提供高质量的食品，控制其供应链的能力是不可或缺的。有研究发现，食品企业声誉的建立和维持与其供应链的协调能力有关，相反，食品企业供应链的协调能力与其声誉正相关（Emmanuel Raynaud、Loic Sauvee 和 Egizioval Ceschini，2005）。从而我们提出假设，如表 5-1 所示。

表 5-1 基本假设

H1a：内部供应链的安全管理对食品企业在国内的财务绩效产生正相影响
H1b：内部供应链的安全管理对食品企业出口绩效产生正向影响
H2a：外部供应链的安全管理对食品企业在国内的销售收入产生正向影响
H2b：外部供应链的安全管理对食品企业的出口绩效产生正向影响
H3a：食品质量安全认证（产品认证）对企业在国内的销售产生正向影响
H3b：食品质量安全认证（产品认证）对食品企业出口绩效产生正向影响
H4a：核心企业声誉对食品企业在国内的销售绩效产生正向影响
H4b：核心企业声誉对食品企业的出口绩效产生正向影响
H5a：内部供应链的安全管理水平越高，食品企业就越有能力通过更多的食品质量安全认证
H5b：外部供应链的安全管理水平越高，食品企业就越有能力通过更多的食品质量安全管理认证
H6a：内部供应链的安全管理有助于食品企业建立好的声誉
H6b：外部供应链的安全管理有助于食品企业建立好的声誉
H7a：供应链的内部安全管理对食品企业在国内的销售绩效的正向影响是通过食品质量安全认证的中介作用实现的
H7b：供应链的内部安全管理对企业的出口绩效之间的正向影响是通过食品质量安全认证的中介任用实现的
H8a：供应链的外部安全管理对食品企业在国内的销售绩效的正向影响是通过食品质量安全认证的中介作用实现的
H8b：供应链的外部安全管理对食品企业的出口绩效的正向影响是通过食品质量安全认证的中介作用实现的
H9a：供应链的内部安全管理对食品企业在国内的销售绩效之间的正相正向影响是通过核心企业声誉的中介作用实现的
H9b：供应链的内部安全管理对食品企业出口绩效的正向影响是通过核心企业声誉的中介作用实现的
H10a：供应链的外部安全管理对食品企业在国内的销售绩效的正向影响是通过核心企业声誉的中介作用实现的
H10b：供应链的外部安全管理对食品企业出口绩效的正向影响是通过核心企业声誉的中介作用实现的

H9a：供应链内部的安全管理对食品企业在国内的销售绩效的正向影响是通过核心企业声誉的中介作用实现的。

H9b： 供应链内部的安全管理对食品企业出口绩效的正向影响是通过核心企业声誉的中介作用实现的。

H10a： 供应链外部的安全管理对食品企业在国内的销售绩效的正向影响是通过核心企业声誉的中介作用实现的。

H10b： 供应链外部的安全管理对食品企业出口绩效的正向影响是通过核心企业声誉的中介作用实现的。

研究框架如图 5-2、图 5-3 所示，主要包括以下几部分内容。

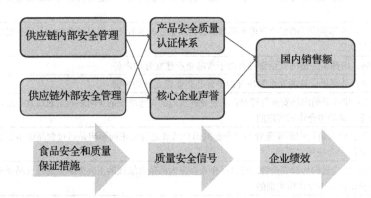

图 5-2 （模型 A）供应链安全管理对食品企业国内财务绩效的影响

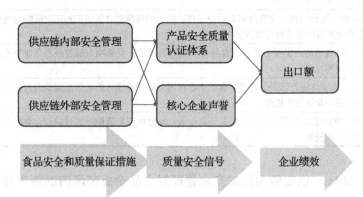

图 5-3 （模型 B）供应链安全管理对食品出口绩效的影响

5.1.3 研究方法

由于食品供应链安全管理问题涉及食品企业的一些商业机密，所以，采用问卷研究一方面不太可行，另一方面获取的数据的可信度可能较低。本书采取二手数据、深度访谈等方式并用获取研究数据。

（1）定量研究过程的设计与样本选择。

①样本特征描述。

本书的研究对象为新疆维吾尔自治区农产食品企业，截至2010年，新疆维吾尔自治区具有一定规模的食品企业有389家。我们通过新疆维吾尔自治区绿色发展中心网站、新疆维吾尔自治区乡镇企业局以及企业官网等渠道获取了320家企业的相关数据，并按照以下标准进一步筛选样本。

一是剔除没有出口或国际业务的企业。

二是只做外贸业务，没有国内业务的企业，或者国内业务不到总业务的10%的企业。

经筛选，我们最终得到240家企业样本，其中，加工或生产型企业占79%，零售型企业占21%。

企业的地区分布和产品类型。从企业的地区分布来看，如表5-2所示，数量上没有很大的差异，这240家企业来自市的占47.50%，来自县、区的占52.50%。从企业生产的产品类型来看，从事新鲜蔬菜、瓜果类食品加工的企业占37.5%，干果类占30.00%，禽蛋、肉类占21.25%，罐头类占11.25%。从事新鲜蔬菜、瓜果类食品和禽蛋、肉类企业主要分布在新疆地区的各个县和区，占38.75%，而分布在市的占20%；干果、罐头类食品企业主要分布在新疆地区的各个市，占27.5%，而分布在县和区的占13.75%。

表 5-2　企业的地区分布和产品类型

企业产品类型	市	占比	县和区	占比	总计	占比
新鲜蔬菜、瓜果加工	36	15%	54	22.5%	90	37.5%
干果	45	18.75%	27	11.25	72	30%
罐头	21	8.75%	6	2.5%	27	11.25%
禽蛋、肉	12	5%	39	16.25%	51	21.25%
总计	114	47.5%	126	52.5%	240	100%

企业年龄特征。从企业年龄来看，如表 5-3 所示，所选取的样本企业时间跨度较大，既有刚成立不到 10 年的新疆和田阳光沙漠玫瑰有限公司，也有成立超过 30 年的新疆四方实业股份有限公司。本文按照企业的年龄将 240 个样本分为 4 组，分别是成立 0～10 年、10～20 年、20～30 年以及 30 年以上。企业年龄在 10 年以下的有 15 家，占 6.25%，企业年龄在 10～20 年的有 180 家，占比达到 75%，企业年龄在 20～30 年的有 36 家，占 15%，企业年龄超过 30 年的有 9 家，占 3.75%。

表 5-3　企业年龄特征

企业产品类型	0～10 年	10～20 年	20～30 年	30 年以上	总计
新鲜蔬菜、瓜果加工	8	65	15	2	90
干果	4	63	3	2	72
罐头	1	13	10	3	27
禽蛋、肉	2	39	8	2	51
总计	15	180	36	9	240

②数据来源。

已有的关于食品企业供应链安全管理和企业绩效的研究，以定性研究为主，虽然也有些定量研究，主要是食品行业中某些子行业或个别企业的案例研究为主，所以，其数据主要分为两类：第一类是理论综述或者细分行业或个别企业案例分析；第二类是一手数据，通过发放问卷获取一手数据。

由于食品供应链安全管理问题涉及食品企业的一些商业机密，所以，采用问卷研究一方面不太可行，另一方面获取的数据的可信度可能较低。本书采取二手数据、深度访谈等数据收集方式获取研究数据。本书选择了新疆维吾尔自治区的食品企业作为研究样本。二手资料的来源主要为新疆维吾尔自治区农业厅绿色食品发展中心、新疆维吾尔自治区乡镇企业局网站、公司官网、公司年报等公开渠道以及向个别企业高管进行的访谈等。我们一共向 320 家食品企业收集与他们相关的二手资料。经过筛选，最终得到符合我们研究要求的 240 家企业样本。这些企业都是位于新疆自治维吾尔自治区的各个市、区、县之内，从事食品销售或食品加工。经统计，这 240 家企业来自市的占 47.50%，来自县、区的占 52.50%，从事新鲜蔬菜、瓜果类食品加工的企业占 37.5%，干果类占 30.00%，禽蛋、肉类占 21.25%，罐头类占 11.25%。

（2）数据收集。

①数据收集方法。

本书收集的数据分为三类。首先，食品企业在国内的销售额和年创汇额采用二手财务数据进行测量，数据来源主要是新疆维吾尔自治区乡镇企业局。其次，食品供应链安全管理的测量，是在对已有的相关文献进行整理和加工的基础上，分别得到内部供应链安全管理和外部供应链安全管理的变量构成，进而采取变量替代得到本研究所需的计量数据，收集途径是新疆维吾尔自治区乡镇企业局以及新疆维吾尔自治区绿色发展中心网站，并将获取的数据经过进一步处理和加工。第三，企业通过的产品认证，收集途径是新疆维吾尔自治区乡镇企业局以及新疆维吾尔自治区绿色发展中心网站，并将获取的数据经过进一步处理和加工。第四，核心企业声誉的测量，是在对已有的相关文献进行整理和加工的基础上，采用二手数据替代测量，收集途径是企业官网等公开渠道。

②数据收集的流程。

本研究需要大量的二手数据，其中一些变量的数据可以通过企业官网直接获取，比如产品品牌、获奖情况等，而另一些变量对于企业比较敏感，如财务情况等，因此，我们通过乡镇企业局、绿色发展中心官网等渠道得到本研究需要的数据。我们数据收集的工作是按以下顺序进行的：首先，通过大量研读文献得到变量测量或替代测量，然后，根据所需数据，寻找数据的可能来源，再通过能够采用的渠道获取本研究所需数据。为了提高数据的可信度，以多渠道获取某些变量数据，比如企业通过的系统认证和产品认证，我们首先通过新疆维吾尔自治区农产品企业调研报告获取该数据，然后再通过新疆维吾尔自治区绿色发展中心官网查找该信息，以确认获取信息的正确性。

（3）变量设置。

根据我们的假设模型，我们选择了如下指标作为测量变量或者计算变量的依据，如表 5-4 所示。

表 5-4　变量设置

变量类型	变量名称	指标	数据类型	数据来源
自变量	内部供应链安全管理	是否建立质监部门、通过的体系认证 X1	连续	二手数据
	外部供应链安全管理	与农户的利益联系方式 X21	连续	二手数据
		原料从自建基地采购量占加工总量的比例 X23	连续	二手数据

续表

变量类型	变量名称	指标	数据类型	数据来源
因变量	国内销售收入	2010 年销售收入 y1	连续	二手数据
	出口额	2010 年创汇额 y2	连续	二手数据
中介变量	食品安全和质量认证	有机食品认证 Q1	连续	二手数据
		绿色食品认证 Q2	连续	二手数据
	核心企业声誉	信用等级 r1	连续	
		获得国家或省部级科技成果奖 r2 商标知名度 r3	连续	二手数据
控制变量	企业类型	食品生产或零售 c2	虚拟	二手数据
	总资产	c1=Ln 总资产	连续	二手数据

①自变量。

企业内部供应链管理和企业外部供应链管理。有研究表明，食品安全和质量与企业绩效正相关。也有研究认为食品企业供应链的纵向协调与食品的安全质量正相关。因此，本书认为食品企业管理其内部和外部供应链的能力与其绩效正相关。

②因变量。

核心企业在国内的销售收入和年创汇额。在食品供应链中食品的安全问题层出不穷，且食品安全问题所导致的后果越来越严重、影响范围越来越大、影响程度越来越深。食品安全问题中折射出的食品供应所存在的问题，直接导致了消费者对很多食品质量的不信任，因此，在消费过程中，消费者常存在很多顾虑。也就是说，食品安全问题已经影响了消费者的消费意愿。另外，国内外消费者对食品安全的认知上的区别和各个国家对食品安全和质量标准的不同（Roth 等，2008），导致食品企业更多地考虑用食品安全和质量的国际标准来保证其出口量。所以，本书选择该企业的整体销售额和年创汇额作为财务绩效的指标。

③中介变量。

食品安全质量属性特征的无法观测性需要食品企业向市场传递其产品的正确信号。通过这种信号，食品市场才能对此做出反应（高质量的食品能够产生增值价值：溢价），从而对绩效产生影响。食品质量安全认证和核心企业声誉是食品企业较多采用的信号战略。因此，我们认为，食品质量安全认证和核心企业声誉对供应链安全管理与企业绩效之间的关系起到中介作用。

④控制变量。

根据本书选择样本的特点，选择了如下变量作为控制变量：企业总资产、企业类型，这些变量都会从不同程度影响最终的财务绩效或者食品质量，所以，为了探讨供应链内部和外部安全管理作为自变量的情况，需要将上述变量控制起来。

5.1.4 数据分析和假设检验

（1）样本描述。

通过描述性统计可以得出，本书所选择的样本中，从自建基地采购的平均比例为65.59%，加工和生产型企业达79%，为农户提供系统化服务的企业为占89%，当年国内平均销售额为13400万元、平均创汇额为3330.7万元，如表格5-5所示。

表5-5　描述性统计

	极小值	极大值	均值	标准差	方差
总资产对数	13.9978	22.5291	18.082547	1.0244302	1.049
企业类型	0	1	0.79	0.406	0.165
品牌知名度	1	3	1.46	0.613	0.376
当年获奖情况	0	1	0.27	0.446	0.199

续表

	极小值	极大值	均值	标准差	方差
企业通过的体系认证	0.0000	3.6000	1.085185	0.7542710	0.569
从自建基地采购比例	0.0000	1000.0000	65.585222	68.5525667	4699.454
与农户的联系方式	0	3	1.68	0.910	0.828
为农户提供系统服务	0	1	0.89	0.319	0.102
通过的食品质量安全认证	0.0	2.0	0.463	0.4548	0.207
2010 年国内销售收入	3000000	3573970000	1.34E8	3.549E8	1.260E17
2010 年创汇额	120	2253280000	33307022.22	1.454E8	2.113E16

（2）相关分析。

只有当变量之间有相关关系，做回归分析才是有意义的。本书对所有涉及的关键变量之间进行了两两相关，得到了如表 5-6 所示的相关性分析结果。通过对所有变量的相关分析（见表 5-6），我们可以得出结论：自变量内部供应链安全管理与因变量核心企

表 5-6　相关系数矩阵

变量	总资产	企业类型	企业内部供应链安全管理	企业外部供应链安全管理	核心企业声誉	核心企业获得的产品质量安全认证	核心企业在国内的销售收入	核心企业年创汇额
总资产（取对数）	1							
企业类型	−0.033	1						
企业内部供应链管理	0.391**	0.072	1					
企业外部供应链管理	0.091	0.124*	0.167**	1				
核心企业声誉	0.455**	−0.026	0.377**	0.259**	1			

续表

变量	总资产	企业类型	企业内部供应链安全管理	企业外部供应链安全管理	核心企业声誉	核心企业获得的产品质量安全认证	核心企业在国内的销售收入	核心企业年创汇额
核心企业获得的产品质量与安全认证	0.122*	0.129*	0.313**	0.344**	0.189**	1		
核心企业在国内的销售收入	0.578**	−0.061	0.378**	0.040	0.371**	0.136*	1	
核心企业年创汇额	0.264**	0.018	0.224**	0.144*	0.210**	0.320**	0.540**	1

注：** 在 .01 水平（双侧）上显著相关。* 在 0.05 水平（双侧）上显著相关。− 在 0.1 水品（双侧）上显著相关。

业在国内的销售额呈显著的正相关关系（p < 0.01）。这初步验证了假设 1a。而自变量外部供应链安全管理与因变量核心企业在国内的销售额无相关关系，假设 1b 没被验证。因变量核心企业创汇额与自变量内部供应链安全管理呈显著的正相关关系（p < 0.01），这初步验证了假设 2a；自变量外部供应链安全管理也与因变量核心企业创汇额呈显著的正相关关系（p < 0.05），这初步验证了假设 2b。中介变量核心企业声誉与自变量内部供应链安全管理和外部供应链安全管理都呈显著的正相关关系（p < 0.01），而其与因变量核心企业在国内的销售额和核心企业创汇额之间也呈显著的正相关关系（p < 0.01），这初步验证了假设 5a、5b、6a、6b。中介变量核心企业获得的食品质量安全认证与自变量内部供应链安全管理和外部供应链安全管理都呈显著的正相关关系（p < 0.01），而其与因变量核心企业在国内的销售额和核心企业创汇额之间也呈显著的

正相关关系（p < 0.01），这初步验证了假设 7a、7b、8a、8b。由此，我们前文提出的大部分假设得到初步的验证。值得注意的是，在笔者所选择的两个控制变量中，企业总资产与两个因变量有较为显著的相关关系，说明本书选择的控制变量是有效的。关于企业类型与企业绩效的关系，可能对于食品企业来说，企业处在食品供应链的那一个环节对其绩效不会产生影响。由于这是一个控制变量，就不再赘述。此外，由于内部供应链安全管理和外部供应链安全管理之间，国内销售额与出口创汇额之间都有着显著的相关关系，为了避免变量之间的多重共线性对回归结果的影响，本书采取将模型中的每个自变量与因变量之间的关系分别进行估计的方法。

（3）主效应和中介效应分析。

通过进入式回归（多层回归）分析方法进一步验证我们提出的假设关系，包括主效应和中介效应。

要验证"产品质量安全信号"是否起到了中介作用，首先要建立一个中介效应的检验模型。本书将利用一个包含了中介变量的基本方程来描述中介效应，这成了实证模型的基础，它假设存在三个变量——自变量 X、中介变量 M 和因变量 Y，如图 5-4 所示。

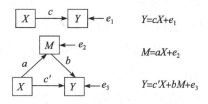

$$Y=cX+e_1$$

$$M=aX+e_2$$

$$Y=c'X+bM+e_3$$

图 5-4　中介变量示意图

在统计分析中，中介效应简单地说，自变量（IV）对因变量

（DV）的影响是通过影响另一个变量（中介变量）来实现的，则称该变量为中介变量（Mediator），这种间接效应称中介效应。有两种中介响应，一种是自变量（IV）对因变量（DV）的影响是完全通过中介变量来实现的，当中介变量被控制时，自变量对因变量不会产生任何影响，这种中介作用称为完全中介效应，而该中介变量称为完全中介（Full Mediator）。另一种是自变量（IV）对因变量（DV）的作用部分是通过中介（Mediator），而部分是直接的，这种中介效应称为部分中介效应，而该中介变量称为部分中介（Partial Mediator）。根据 Kenny 和 Baron（1986）对中介效应的检验步骤，第一步，做因变量对自变量的回归，验证两者之间的相关（判断系数是否显著）。如果自变量与因变量无显著相关（系数不显著），则停止检验。第二步，做中介变量对自变量的回归，验证两者之间的关系（判断系数是否显著）。如果中介变量与自变量无显著相关（系数不显著），则停止检验。第三步，如果控制中介变量，自变量对因变量的影响消失或明显减少，这时该中介效应成立。简单地说，做因变量对自变量和中介变量的回归，当中介变量系数显著，而自变量的系数不显著，该中介效应为完全中介；当中介变量系数显著，但自变量的系数显著性明显减少时，该中介效应是部分中介。在加入控制变量之后，对于主效应、中介效应进行了分步回归，依次对 20 个假设建立了如下文所示的 20 个回归模型。其中，X1 为自变量"内部供应链安全管理"；X2 为自变量"外部供应链安全管理"；M1 为中介变量"产品认证"；M2 为中介变量"声誉"；Y1 为因变量"食品企业在国内的销售额"，Y2 为因变量"食品企业的创汇额"。其中假设 7a、7b、8a、8b、9a、9b、10a 和 10b 为中介效应的验证，其他均为变量之间的主效应。

假设 1a	$Y_1 = \beta_1 X_1 + \xi_1$	（1）
假设 1b	$Y_1 = \beta_2 X_2 + \xi_2$	（2）
假设 2a	$Y_2 = \beta_3 X_1 + \xi_3$	（3）
假设 2b	$Y_2 = \beta_4 X_2 + \xi_4$	（4）
假设 3a	$Y_1 = \beta_5 M_1 + \xi_5$	（5）
假设 3b	$Y_1 = \beta_6 M_2 + \xi_6$	（6）
假设 4a	$Y_2 = \beta_7 M_1 + \xi_7$	（7）
假设 4b	$Y_2 = \beta_8 M_2 + \xi_8$	（8）
假设 5a	$M_1 = \beta_9 X_1 + \xi_9$	（9）
假设 5b	$M_1 = \beta_{10} X_2 + \xi_{10}$	（10）
假设 6a	$M_2 = \beta_{11} X_1 + \xi_{11}$	（11）
假设 6b	$M_2 = \beta_{12} X_2 + \xi_{12}$	（12）
假设 7a	$Y_1 = \beta_1 X_1 + \xi_1$	（13a）
	$M_1 = \beta_9 X_1 + \xi_9$	（13b）
	$Y_1 = \beta_{13} X_1 + \beta_{14} M_1 + \xi_{13}$	（13c）
假设 7b	$Y_2 = \beta_1 X_1 + \xi_1$	（14a）
	$M_1 = \beta_9 X_1 + \xi_9$	（14b）
	$Y_2 = \beta_{15} X_1 + \beta_{16} M_1 + \xi_{14}$	（14c）
假设 8a	$Y_1 = \beta_2 X_2 + \xi_2$	（15a）
	$M_1 = \beta_{10} X_2 + \xi_{10}$	（15b）
	$Y_1 = \beta_{17} X_2 + \beta_{18} M_1 + \xi_{15}$	（15c）
假设 8b	$Y_2 = \beta_4 X_2 + \xi_4$	（16a）
	$M_1 = \beta_{10} X_2 + \xi_{10}$	（16b）
	$Y_2 = \beta_{19} X_2 + \beta_{20} M_1 + \xi_{16}$	（16c）
假设 9a	$Y_1 = \beta_1 X_1 + \xi_1$	（17a）

$$M_2 = \beta_{11}X_1 + \xi_{11} \qquad\qquad (17b)$$

$$Y_1 = \beta_{21}X_1 + \beta_{22}M_1 + \xi_{17} \qquad (17c)$$

假设 9b $\qquad Y_2 = \beta_1X_1 + \xi_1 \qquad\qquad (18a)$

$$M_2 = \beta_{11}X_1 + \xi_{11} \qquad\qquad (18b)$$

$$Y_2 = \beta_{23}X_1 + \beta_{24}M_1 + \xi_{18} \qquad (18c)$$

假设 10a $\qquad Y_1 = \beta_2X_2 + \xi_2 \qquad\qquad (19a)$

$$M_2 = \beta_{12}X_2 + \xi_{12} \qquad\qquad (19b)$$

$$Y_1 = \beta_{25}X_2 + \beta_{26}M_1 + \xi_{19} \qquad (19c)$$

假设 10b $\qquad Y_2 = \beta_4X_2 + \xi_4 \qquad\qquad (20a)$

$$M_2 = \beta_{12}X_2 + \xi_{12} \qquad\qquad (20b)$$

$$Y_2 = \beta_{27}X_2 + \beta_{28}M_1 + \xi_{20} \qquad (20c)$$

（4）假设检验结果。

本书运用四个多层回归模型进行假设检验。回归分析控制了企业总资产和企业类型两个变量，模型 1 将核心企业的国内销售收入作为因变量，模型 2 将食品质量安全认证作为因变量，模型 3 将核心企业声誉作为因变量，模型 4 将核心企业的年创汇额作为因变量，分析结果如表 5-7、表 5-8 所示。

模型 1 用于检验假设 1a、2a、3a、4a、7a、8a、9a 和 10a。假设 1a 和假设 2a，内部供应链安全管理与外部供应链安全管理水平对食品企业的国内财务绩效有正向的显著影响。为检验该假设，我们在回归模型 1 中，一次放入控制变量（企业类型和总资产对数）、自变量（内部供应链安全管理和外部供应链安全管理）。如表 5-7 所示，内部供应链安全管理对食品企业的国内绩效有显著的正向影响作用（$\beta = 0.190$；$p < 0.01$），支持了假设 1a；而外部供应

表 5-7　回归分析结果

变量	模型1 国内销售收入 第一步 控制变量 Std.β	第二步 自变量(主效应) Std.β	第三步 自变量(主效应) Std.β	第四步 中介变量(认证) Std.β	第五步 中介变量(声誉) Std.β	模型2 产品认证 第一步 控制变量 Std.β	第二步 自变量(主效应) Std.β	第三步 自变量(主效应) Std.β	模型3 声誉 第一步 控制变量 Std.β	第二步 自变量(主效应) Std.β	第三步 自变量(主效应) Std.β
总资产	0.577***	0.503***	0.505***	0.505***	0.468***	0.126*	0.007	-0.04	0.456***	0.365***	0.358***
企业类型	-0.042	-0.058	-0.054	-0.057	-0.053	0.133*	0.108*	0.074	-0.042	-0.022	0.000
内部供应链管理		0.186**	0.190**	0.179*	0.168*		0.302**	0.260**		0.233**	0.206**
外部供应链管理			-0.031	-0.043	-0.049			0.292***			0.195**
产品认证				0.040							
声誉					0.108*						
国内销售											
R²	0.336	0.365	0.366	0.367	0.377	0.033	0.109	0.191	0.209	0.254	0.291
AdjR²	0.331	0.358	0.356	0.355	0.365	0.025	0.099	0.179	0.203	0.246	0.280
ΔR²		0.029	0.001	0.002	0.012		0.076	0.082		0.045	0.037
F 值	67.502*	50.905*	38.187*	30.609*	31.684**	4.504*	10.876*	15.617*	34.962*	30.04*	27.00*

表5-8 回归分析结果

变量	模型4 年创汇额					模型2 产品认证			模型3 声誉		
	第一步控制变量	第二步自变量（主效应）	第三步自变量（主效应）	第四步中介变量（认证）	第五步中介变量（声誉）	第一步控制变量	第二步自变量（主效应）	第三步自变量（主效应）	第一步控制变量	第二步自变量（主效应）	第三步自变量（主效应）
	Std.β	Std.β	Std.β	Std.β	Std.β	Std.β	Std.β	Std.β	Std.β	Std.β	Std.β
总资产	0.265***	0.210***	0.206***	0.207***	0.184***	0.126*	0.007	-0.004	0.456***	0.365***	0.358***
企业类型	0.027	0.015	0.003	-0.017	0.002	0.133*	0.108*	0.074	-0.042	-0.022	-0.000
内部供应链管理		0.141*	0.126*	0.055	0.114*		0.302*	0.260*		0.233*	0.206*
外部供应链管理			0.104*	0.025	0.093			0.292**			0.195**
产品认证				0.271*							
声誉					0.059						
年创汇额											
R²	0.071	0.087	0.366	0.367	0.100	0.033	0.109	0.191	0.209	0.254	0.291
AdjR²	0.064	0.077	0.356	0.355	0.083	0.025	0.099	0.179	0.203	0.246	0.280
ΔR²	0.071	0.016	0.279	0.001	-0.266	0.025	0.076	0.082	0.203	0.045	0.037
F值	10.137*	8.473*	38.187*	30.609*	5.828*	4.504*	10.876*	15.617*	34.962*	30.04*	27.00*

注：*** 在 0.01 水平（双侧）上显著相关。** 在 0.05 水平（双侧）上显著相关。* 在 0.1 水平（双侧）上显著相关。

链安全管理对食品企业国内绩效的影响不显著（$\beta = -0.031$），假设 2a 没被支持。假设 7a、8a、9a 和 10a 是内部供应链安全管理与外部供应链安全管理在对食品企业在国内的财务绩效的影响中。食品质量安全认证和核心企业声誉起中介作用。为验证这些假设，在模型 1 中继续放入中介变量食品质量安全认证和核心企业声誉。结果显示，放入食品质量安全认证时，其系数不显著（$\beta = 0.040$），假设 3a、7a 和 8a 没被支持。放入核心企业声誉时，其系数为显著（$\beta = 0.108$；$p < .05$），假设 4a 被支持，并且自变量（内部供应链安全管理）系数的显著性明显降低，但还是显著（$\beta = 0.168$；$p < 0.01$），9a 被部分验证。也就是说，核心企业声誉影响了供应链内部安全管理与食品企业国内财务绩效之间的正相关关系。而在模型 1 中，因变量（食品企业国内财务绩效）对自变量（外部供应链安全管理）的回归系数始终都不显著，因此，假设 10a 也没被支持。

模型 2 用于检验假设 5a 和假设 5b，食品质量安全认证作为因变量。如模型 2 第二步和第三步所示，内部供应链安全管理对食品质量安全认证有显著的正向影响（$\beta = 0.260$；$p < 0.01$），支持了假设 5a；外部供应链安全管理业对食品质量安全认证有显著的正向影响（$\beta = 0.292$；$p < 0.01$），也支持了假设 5b。

模型 3 用于检验假设 6a 和假设 6b，核心企业声誉作为因变量。如模型 3 第二步和第三步所示，内部供应链安全管理对核心企业声誉有显著的正向影响（$\beta = 0.206$；$p < 0.01$），支持了假设 6a；外部供应链安全管理对核心企业声誉有显著的正向影响（$\beta = 0.195$；$p < 0.01$），支持了假设 6b。

模型 4 用于检验假设 1b、2b、3b、4b、7b、8b、9b 和 10b。

假设 1b 和假设 2b，内部供应链安全管理与外部供应链安全管理水平对食品企业出口绩效有正向的显著影响。为检验该假设，我们在回归模型 1 中，一次放入控制变量（企业类型和总资产对数）、自变量（内部供应链安全管理和外部供应链安全管理）。如表 5-8 所示，内部供应链安全管理对食品企业出口绩效有显著的正向影响作用（$\beta = 0.126$；$p < 0.05$），支持了假设 1b；外部供应链安全管理对食品企业出口绩效显著的正向影响（$\beta = 0.104$；$p < 0.05$），支持了假设 2b。假设 7b、8b、9b 和 10b 是内部供应链安全管理与外部供应链安全管理在食品企业出口绩效的影响中，食品质量安全认证和核心企业声誉起中介作用。为验证这些假设，在模型 4 中继续放入中介变量食品质量安全认证和核心企业声誉。结果显示，放入食品质量安全认证时，其系数为显著（$\beta = 0.271$；$p < .001$），支持了假设 3b，当控制了中介变量（食品质量安全认证）以后，自变量内部供应链安全管理和外部供应链安全管理的作用显著消失（两个自变量系数都变得不显著：$\beta = 0.055$、$\beta = 0.025$），支持了假设 7b 和 8b。引进核心企业声誉时，其系数为不显著（$\beta = 0.059$），假设 4b、9b 和假设 10b 没被支持。

认证对企业在国内的销售绩效与内部供应链安全管理（外部供应链安全管理对国内绩效的主效应不显著，因而不存在中介作用）的关系起不到中介作用（$\beta = 0.040$），模型 1 中认证作用不显著。而在出口绩效与内部供应链安全管理和外部供应链安全管理之间的关系中认证起中介作用，将模型 4 中的第 4 步与第 3 步进行比较，可以得出，加入了中介变量食品质量安全认证后，整个模型的 $R_4^2 > R_3^2$，F 改变达到 30.609%，自变量内部供应链安全管理和外部供应链安全管理的系数分别从 $\beta = 0.126$、$\beta = 0.104$ 降为

$\beta = 0.055$、$\beta = 0.025$，而且显著性变得不显著，可见，支持了假设 3b 和 4b。也就是说，食品质量安全认证起到了完全中介的作用。

声誉对食品企业在国内的销售绩效与内部供应链的安全管理中做部分中介作用，将模型 1 中的第 5 步与第 2 步进行比较，可以得出，加入了中介变量企业声誉后，整个模型的 $R_4^2 > R_3^2$（$\Delta R2 = 0.012$），F 改变达到了 31.684%，并且自变量内部供应链安全管理的系数从 $\beta = 0.186$ 降为 $\beta = 0.168$，但显著性没变。可见，假设 4a 得到了部分支持。也就是说，声誉起到了部分中介的作用。在出口绩效与内部供应链安全管理和外部供应链安全管理的关系中声誉起不到中介作用（$\beta = 0.059$）。例如，在模型 4 中，声誉的作用不显著。

综上所述，我们可以得出以下结论：

①内部供应链安全管理与核心企业在国内的销售绩效之间的关系，通过了 0.05 水平上的显著检验，F 改变明显（$p < 0.05$），假设 1a 被验证，即内部供应链安全管理对核心企业在国内的销售绩效产生积极作用。

②内部供应链安全管理与核心企业出口绩效之间的关系，通过了 0.05 水平上的显著检验，F 改变明显（$p < 0.05$），假设 1b 被验证，即内部供应链安全管理对核心企业出口绩效产生积极作用。

③外部供应链安全管理与核心企业在国内的销售绩效之间的关系，没得到验证，假设 2a 没被验证，即外部供应链安全管理对核心企业在国内的销售绩效不会产生影响，亟待讨论。

④外部供应链安全管理与核心企业出口绩效之间的关系，通过了 0.05 水平上的显著检验，F 改变明显（$p < 0.05$），假设 2b 被

验证，即外部供应链安全管理对核心企业的出口绩效产生积极作用。

⑤食品质量安全认证（产品认证）与企业在国内的销售绩效之间的正相关关系没得到验证，假设 3a 没被验证，即企业获得的产品质量认证对其国内销售绩效不会产生影响，亟待讨论。

⑥食品质量安全认证（产品认证）与出口绩效之间的正相关关系，通过了 0.05 水平上的显著检验，F 改变明显（p < 0.05），假设 3b 被验证，即企业获得的产品质量认证对其出口绩效产生积极影响。

⑦核心企业声誉与食品企业在国内的财务绩效之间的正相关关系，通过了 0.05 水平上的显著检验，F 改变明显（p < 0.05），假设 4a 被验证，即核心企业声誉对其出口绩效产生积极影响。

⑧核心企业声誉与食品企业出口绩效之间的正相关关系没得到验证，假设 4b 没被验证，即核心企业声誉对其出口绩效不会产生影响，亟待讨论。

⑨内部供应链安全管理与食品企业获得的食品质量安全认证之间的正相关关系，通过了 0.05 水平上的显著检验，F 改变明显（p < 0.05），假设 5a 被验证，即内部供应链安全管理水平越高，食品企业越有能力通过更多的食品质量安全认证。

⑩外部供应链安全管理与食品企业获得的食品质量安全认证之间的正相关关系，通过了 0.01 水平上的显著检验，F 改变明显（p < 0.01），假设 5b 被验证，即外部供应链安全管理水平越高，食品企业越有能力通过更多的食品质量安全认证。

⑪内部供应链安全管理与食品企业声誉之间的正相关关系，通过了 0.05 水平上的显著检验，F 改变明显（p < 0.01），假设 6a

被验证，即高水平的内部供应链安全管理有助于食品企业建立好的声誉。

⑫外部供应链安全管理与食品企业声誉之间的正相关关系，通过了 0.05 水平上的显著检验，F 改变明显（p < 0.01），假设 6b 被验证，即高水平的外部供应链安全管理有助于食品企业建立好的声誉。

⑬食品质量安全认证对供应链内部安全管理与企业国内财务绩效之间关系的中介作用，没得到支持，假设 7a 没被验证。即内部供应链安全管理不是通过食品质量安全认证对核心企业的国内绩效产生正向影响，亟待讨论。

⑭食品质量安全认证对内部供应链安全管理与企业出口绩效之间的正相关关系的中介作用，通过了检验，假设 7b 被验证。即内部供应链安全管理通过食品质量安全认证对核心企业的出口绩效产生积极影响。

⑮食品质量安全认证对外部供应链安全管理与企业在国内的财务绩效之间关系的中介作用没得到支持，假设 8a 没被验证。即外部供应链安全管理不是通过食品质量安全认证对核心企业的国内绩效产生正向影响，亟待讨论。

⑯食品质量安全认证对供应链外部安全管理与企业出口绩效之间的正相关关系的中介作用通过了检验，假设 8b 被验证。即外部供应链安全管理通过食品质量安全认证对核心企业的出口绩效产生积极影响。

⑰核心企业声誉对内部供应链安全管理与企业在国内的财务绩效之间关系的中介作用通过了验证，假设 9a 被验证。即内部供应链安全管理不是通过核心企业声誉对其国内绩效产生正向

影响。

⑱核心企业声誉对内部供应链安全管理与企业出口绩效之间关系的中介作用没得到支持，假设 9b 没被验证。即内部供应链安全管理不是通过核心企业声誉对其出口绩效产生正向影响，亟待讨论。

⑲核心企业声誉对外部供应链安全管理与企业在国内的财务绩效之间关系的中介作用没得到支持，假设 10a 没被验证。即外部供应链安全管理不是通过核心企业声誉对其国内绩效产生正向影响。

⑳核心企业声誉对外部供应链安全管理与企业出口绩效之间关系的中介作用没得到支持，假设 10b 没被验证。即外部供应链安全管理不是通过核心企业声誉对其国内绩效产生正向影响，亟待讨论。

根据实证检验结果，我们可以得出以下回归模型总结，如图 5-5、5-6、5-7、5-8 所示。

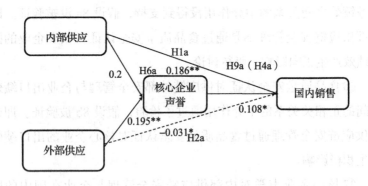

图 5-5 核心企业声誉中介的回归模型总结（1）

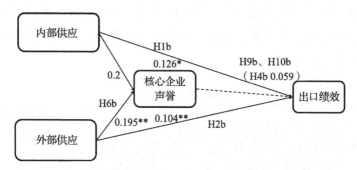

图 5-6 核心企业声誉中介的回归模型总结（2）

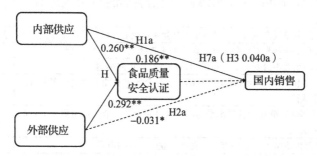

图 5-7 食品质量安全认证中介的回归模型总结（1）

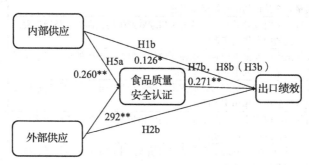

图 5-8 食品质量安全认证中介的回归模型总结（2）

在前文理论分析和方法设计的基础上，分布回归分析来验证提出的假设。通过描述性分析和解释说明主要变量的经济含义，通过相关分析初步确定变量之间的关系，最后通过分布回归分析检验我们的假设关系，包括主效应和中介效应的检验。假设检验结果总结如表5-9所示。

表5-9　假设检验结果

概念模型假设	检验结果
H1a：内部供应链安全管对食品企业在国内的销售绩效产生正向影响	支持
H1b：内部供应链安全管理对食品企业的出口绩效产生正向影响	支持
H2a：外部供应链安全管理对食品企业在国内的销售绩效产生正向影响	不支持
H2b：外部供应链安全管理对食品企业的出口绩效产生正向影响	支持
H3a：食品质量安全认证（产品认证）对食品企业在国内的销售绩效产生正向影响	不支持
H3b：食品质量安全认证（产品认证）对食品企业的出口绩效产生正向影响	支持
H4a：核心企业声誉对食品企业在国内的销售绩效产生正向影响	支持
H4b：核心企业声誉对食品企业的出口绩效产生正向影响。	不支持
H5a：内部供应链安全管理水平越高，食品企业越有能力通过更多的食品质量安全认证	支持
H5b：外部供应链安全管理水平越高，食品企业越有能力通过更多的食品质量安全认证	支持
H6a：内部供应链安全管理有助于食品企业建立好的声誉	支持
H6b：外部供应链安全管理有助于食品企业建立好的声誉	支持
H7a：内部供应链安全管理对企业在国内的销售绩效产生的正向影响是通过食品质量安全认证的中介作用实现的	不支持
H7b：内部供应链安全管理对企业的出口绩效产生的正向影响是通过食品质量安全认证的中介作用实现的	支持
H8a：外部供应链安全管理对企业在国内的销售绩效产生的正向影响是通过食品质量安全认证的中介作用实现的	不支持
H8b：外部供应链安全管理对企业的出口绩效产生的正向影响是通过食品质量安全认证的中介作用实现的	支持
H9a：内部供应链安全管理对企业在国内的销售绩效产生的正向影响是通过核心企业声誉的中介作用实现的	支持
H9b：内部供应链安全管理对企业的出口绩效产生的正向影响是通过核心企业声誉的中介作用实现的	不支持
H10a：外部供应链安全管理对企业在国内的销售绩效产生的正向影响是通过核心企业声誉的中介作用实现的	不支持
H10b：外部供应链安全管理对企业的出口绩效产生的正向影响是通过核心企业声誉的中介作用实现的	不支持

5.1.5 讨论

实证验证结果初步表明：供应链安全管理对企业传递产品质量信号的行为具有重要影响，而且供应链安全管理的两个维度都对食品企业的出口绩效产生积极影响，但是，外部供应链的安全管理对食品企业在国内的销售不产生影响；另外，企业声誉对内部供应链安全管理与核心企业在国内的绩效之间的关系起到中介作用，而食品质量安全认证对内部供应链安全管理、外部供应链安全管理与核心企业出口绩效之间的两组关系都起到中介作用。以下我们以食品质量信号的相关因素为主线，就假设检验的结果、所说明的问题、理论和实践意义等问题进行讨论。

（1）供应链安全管理与产品质量安全信号。

验证结果支持了我们的假设：供应链安全管理通过产品质量安全信号提升企业绩效。高水平的供应链的安全管理促进了企业传递信号的行为，进而提升企业的绩效。这一结论与动态能力理论的观点基本相同，即企业的战略行为取决于企业的能力（Teece，1996）。食品的质量安全信号作为企业外部和内部信息不对称性的"解决方案"，具有较大的灵活性，企业可以根据需要选择不同的食品质量安全信号。然而，企业通过什么方式传达其产品质量的信号是由企业能力决定的。

①内部供应链的安全管理。

对于内部供应链的安全管理，验证结果支持了我们的假设：内部供应链的安全管理通过食品质量安全信号提高企业的绩效（国内销售绩效和出口绩效）。这与我们的假设是一致的，即在核心企业内部供应链安全管理能力较高的情况下，食品企业能够生产较高质量的产品，并且在某种程度上能够控制产品质量的一致性和稳定性，而食品质量安全认证和核心企业声誉能够向市场传递产品质量的相关信号，因此，具有内部供应链安全管理能力较高的企业倾向于利用产品的质量安全认证向市场传达产品信号，通过这种信号战略行为来提升企业的绩效。此结论与其他学者的相关研究具有一致性（Closs 和 McGarrell，2004；Knight，2003；Rice 和 Spayd，2005；Hess 和 Wrobleski，1996）。质量体系认证能够改善企业的安全控制能力以及提高工作效率，从而提高企业的竞争优势（Abdelhakim Hammoudi、Ruben Hoffmann 和 Yves Surry，2009）。根据交易成本理论，安全质量认证体系可以节约交易成本，比如，能够节约协商和监督成本，节约买方寻找成本，通过标准化生产减少浪费等，从而能够提高整个供应链的绩效（Vijay R Kannan、Keah Choon Tan，2004）。虽然这些研究多是针对从企业质量体系认证的视角，研究内部供应链的安全管理对企业绩效产生的正向影响，但是，从某种意义上呼应了本研究的研究结论。

②外部供应链的安全管理。

对于外部供应链的安全管理，验证结果支持了我们的一个假设：外部供应链的安全管理通过食品质量安全信号提高核心企业的出口绩效。而关于外部供应链的另一个假设：外部供应链的安全管理通过食品质量安全信号提高核心企业在国内的销售绩效则没被支持。

对已证实实证结果的讨论。对于外部供应链的安全管理，验证结果支持了我们的假设：外部供应链的安全管理通过食品质量安全信号提高核心企业的出口绩效，即食品企业外部供应链的协调对生产安全的高质量的食品产生积极影响，食品质量的属性特点促使生产安全、高质量食品的企业向市场传递其产品质量安全的信号，食品质量对该食品的价格产生积极影响，从而能够提高出口绩效。此结论与其他学者的相关研究具有一致性。有研究认为，既然供应链管理对绩效产生影响，供应链安全管理也对供应链绩效产生影响（Zachary Williams、Jason E Lueg、Stephen A LeMay，2008）。Thibault 等（2006）认为，安全管理能力高的企业能够提高盈利能力，以及能够改善与其客户之间的关系。因而需要了解供应链安全管理对企业（不同形式的）绩效的影响（Zachary Williams、Jason E Lueg、Stephen A LeMay，2008）。理论研究提出，供应链安全管理的投入能够降低整个供应链系统的成本，提高组织的可见性，改善运输追溯，提高客户满意度，增加利润（Sarathy，2006），维护品牌，以及提高市场份额（Eggers，2004）。虽然这些研究并不是针对企业销售绩效，但是从某种意义上呼应了本书的结论。

到目前为止，没有实证研究验证供应链安全管理与绩效之间的关系。我们通过对文献的研究发现，食品供应链的安全管理的有效方式是供应链的纵向协调。供应链的纵向协调能够保证食品的安全和质量。根据交易成本理论，食品供应链的纵向协调对企业财务绩效产生影响。因为纵向协调能够减少供应商与核心企业之间的信息不对称性，防止机会主义行为的发生。另外，能够节约交易协商、寻找伙伴等交易成本。因此，我们认为供应链的协调能够有效地提高企业的财务绩效。因为在一个比较紧密、协调的供应链中，供应商能够较好地了解企业的需求，从而能够满足企业不断变化着的需求。

对未得到实证支持的结果的解释。外部供应链的安全管理通过产品质量安全信号对核心企业在国内的销售产生正向作用，对于这一点，验证结果没有支持我们的假设。对于这一问题，我们从中国的具体国情出发，进行分析和讨论。

第一，外部供应链的协调困难。外部供应链的安全管理是通过供应链的纵向协调得以实现的。我国农业生产高度分散，因此，食品企业实现其供应链的纵向一体化是很难的。食品企业有自建原材料基地，与农户合作及合约生产等，当企业的生产原材料来自自建基地时，企业能够保证其产品质量和供应的一致性和稳定性，但建立原材料基地对资金的需求较大，而我国绝大部分食品企业的规模较小，无法筹备建立原材料基地所需资金。食品企业与农户合作时，理论上也能较好地保证其产品的生产质量和原材料供应的稳定性、一致性，但农业生产的高度分散性给企业的供应链协调带来不少问题，主要表现在合作对象众多，难以统一管理等方面。这些因素给食品企业带来一定的成本，这些成本可能大于企业通过其供应链的协调而获得的收益。合约生产是企业供应链协调程度最低的方式，这种方式对供应的稳定性起到一定的作用，但是，在保证食品质量安全方面的作用不大，因为企业无法控制原材料的生产质量。然而，供应链的这种协调方式相对于前两种方式具有成本优势。

第二，消费者的消费水平不高，对高端食品的需求不高。外部供应链的安全管理通过企业外部供应链的协调来实现，供应链的协调是食品企业产品差别化的重要手段。企业外部供应链的协调程度越高，企业越能够保证产品质量和供应的稳定性。因而企业往往以高端市场为目标市场，通过各种产品认证，以区分其产品与一般低质量的产品。然而，人们做出购买决策时更多地以产品的价格为主要考虑因素。这也是外部供应链安全管理为什么对食品企业在国内的销售额不产生积极作用的一种解释，因此，我们认为有必要针对外部供应链安全管理对国内销售不产生正向影响的前因从中国的国情方面进一步探讨并加以证实，这也是我们今后研究的一个重要方向。

（2）产品质量信号与企业绩效。

对于食品质量安全信号与食品企业绩效的研究，现有的研究支持了我们的假设，即食品质量安全认证和核心企业声誉均可提高食品企业的绩效。此结论与其他学者的关于食品质量安全信号对企业绩效的影响的研究结论有一致性（Grunert，2005；Abdelhakim Hammoudi、Ruben Hoffmann 和 Yves Surry，2009；Caswell 等，1998；Hobbs，Fearne 等，2002；Mazzocco，1996）。但是，也有不同的方面。我们的实证结论是食品质量安全认证对食品企业出口绩效产生积极影响，而对国内销售不产生影响；核心企业声誉对国内绩效产生积极影响，而对出口绩效没有影响。我们这一发现也与其他学者关于企业信号战略选择方面的研究结论有一定的一致性（Thomas L Sporleder 和 Peter D Goldsmith，2001），企业声誉或产品品牌对企业绩效产生较稳健的、积极的影响，而通过第三方认证等方式，产品的差别化能够较好地缓解信息不对称问题。

①核心企业获得的产品认证。

对于食品质量安全认证，验证结果支持了我们的一个假设：食品质量安全认证对内部和外部供应链安全管理与核心企业出口绩效之间的正向关系起到中介作用，而对于食品质量安全认证的的另一个假设——食品质量安全认证对内外部供应链的安全管理与核心企业在国内的销售绩效之间的正向关系中起到中介作用，没有被支持。

对已证实实证结果的讨论。对于食品质量安全认证，验证结果支持了我们的假设：食品安全质量认证对供应链安全管理与食品企业出口绩效之间的正向作用起到中介作用。一方面，食品质量安全认证向市场传递有关产品的正确信号，能够缓解消费者与企业之间的信息不对称性问题，在某种意义上，把食品的经验属性和信任属性转换成寻找属性。这种质量信号的重要性在于，它可以方便消费者对产品的寻找和评估，为消费者节约在寻找和评估产品过程中产生的成本，从而对企业的绩效产生影响。另一方面，食品质量安全认证是食品企业的产品差别化战略的一种，食品企业具有同质性，食品安全质量认证通过区分产品，提高企业的竞争能力（Abdelhakim Hammoudi、Ruben Hoffmann 和 Yves Surry，2009）。消费者为"安全食品"愿意支付的潜在的溢价促使食品企业认证其产品，并且也愿意为消费者提供相关信息（Roosen，2003）。在信息不完整的条件下，产品质量是区分产品而获得竞争优势的有效途径（Caswell 等，1998），而产品质量安全认证正是给消费者传达这种信号（Roosen，2003）。因此，产品认证能够对企业的财务绩效产生积极影响。Mazzocco 注意到，"……认证体系作为一种信号能够减少购买物质资料和服务的寻找成本，作为一种与客户的沟通手段，它也能够节约销售成本"（Mazzocco，1996）。这些研究对认证体系的界定与本书有所区别，但是，在某种意义上呼应了本研究的结论。

对未得到实证支持的结果的解释。产品质量安全认证对供应链的安全管理与核心企业在国内的销售产生的正向影响起到中介作用，对于这一点，验证结果没支持我们的假设。对于这一问题，我们从中国国情出发，进行分析讨论。

认证产品的"安全性和高质量",以及消费者对食品质量安全认证的信任。信号理论的主要因素包括信号发出者、接受者和信号本身。信号发出者是知情者（内部人员）能够获得外部人员无法获取的关于个人（Spence，1973）、产品（Kirmani 和 Rao，2000）或组织（Ross，1977）的相关信息。信号是内部人员能够获得有关组织的积极和消极信息，并且他们要决定是否与外部公众或组织交流这些信息。信号理论的重点在于，与外部有意沟通有关组织的积极信息，致力于传递组织的正面属性，但不是所有的信号能够传达信号传达者的意图。信号的接受者是信号理论的第三个关键因素。根据信号模型，接受者是缺乏组织相关信息，并且愿意获取这些信息的外部人员（公众）。食品质量安全认证作为有关产品质量信号向消费者传达产品质量安全的积极信号，但是，对于国内市场这是个无效信号。尹世久、陈默、徐迎军、李中翘（2013）等学者认为，消费者对食品质量安全认证的信任，取决于其对食品认证及其监管体系的评价，因此，消费者对认证食品的态度与其对食品质量安全认证的相关评价密切相关。他们认为消费者对认证食品信任的主要影响因素有个体特征、产品知识、消费者态度和制度因素。我们认为影响国内消费者对认证食品的信任的主要因素是其对认证食品的认识和态度以及制度因素。有一项调查发现，超过 80% 的消费者听说过绿色食品，50% 的消费者听说过无公害食品，而知道有机食品的消费者不到 25%。其中，有 50% 的消费者能够识别绿色食品，17.3% 的消费者能够识别无公害食品，而只有 7% 的消费者能够识别有机食品，都不能识别的消费者高达 42.6%（王芳、李欣、陈松、钱永忠，2007）。以上结果说明消费者对认证食品的认识水平还比较低。而另一项关于人们对有机食品的态度的调查发现，知道但没买过有机食品的人比不知道有机食品的人数高出 10%，曾经买过有机食品的消费者仅占 1.25%。有 80% 的消费者对有机食品的态度很积极，但不愿意进行购买（王霞、肖兴基、张爱国、尤文鹏，2009）。我国认证制度与认证食品市场存在的这些问题可能是消费者不信任食品质量安全认证的主要原因。根据信号理论，当信号本身无效时，企业所采取的信号战略无法实现其战略目标。另外，消费者是否愿意为认证食品支付溢价问题，也是认证是否成为有效信号的主要因素。比较深入地去研究这一问题，是食品质量与信号战略的另一个研究课题。在这里，我们对该问题用较简单的事例给予解释。超市逐渐成为市民购买食品的主要场所。随着中国人口老龄化的日益严峻，老年人在城市消费者中占相当大的一部分，而且中国城市家庭的特殊结构（大部分人结婚后与父母同住），使老年人成为购买日用品和食品的主体。几乎每个大超市都曾采取过"当日特价商品"的营销策略，"当日特价商品"主要包括日用品和食品，而食品主要包括食用油、鸡蛋、面粉、米等。我们通过对乌鲁木齐的各大超市的调查发现，很多超市早晨还没开业时，就出现了很多老年人排队的现象。我们随机采访得知，他们中大部分人是为购买"当日特价商品"而来，而且"当日特价商品"是限量的，怕抢不到，因此，才造成排长队的现象。这也间接说明，对于我国消费者而言，食品的价格是其做出购买决策的主要依据。认证食品价格比普通食品要高，根据以上现象，我们认为大部分消费者可能为认证食品不愿支付溢价，因而在做出实际消费决策时，选择价格较低的食品。这也是食品质量安全认证为什么对国内食品市场起不到信号作用的一种解释。根据以上讨论和分析，我们认为，我们的验证结论符合我国国情。

②核心企业声誉。

对于核心企业声誉，验证结果支持了我们的一个假设：核心企业声誉对内部供应链安全管理与核心企业在国内的销售绩效之间的正向关系起到部分中介作用，而对于核心企业声誉的另一个假设——核心企业声誉对内外部供应链的安全管理与核心企业的出口绩效之间的正向关系起到中介作用，则没有被支持。

对已证实实证结果的讨论。对于核心企业声誉，验证结果部分支持了我们的假设：核心企业声誉对内部供应链的安全管理与企业在国内的销售绩效之间的关系起到部分中介作用，即内部供应链的安全管理部分通过核心企业声誉对企业在国内的销售绩效产生正向影响。"一个组织的声誉可能是最重要的战略资源"（Flanagan、O'Shaughnessy，2005；see also Hall，1992）。越来越多的研究认为好的声誉对企业具有战略价值（Dierickx 和 Cool，1989；Rumelt，1987；Weigelt 和 Camerer，1988）。声誉能够区分一个公司与其竞争对手（Peteraf，1993），降低信息不对称性和消费者的不确定性（Weigelt、Camerer，1988），以及能够替代昂贵的治理机制（Kogut，1988）。这些研究与我们的验证结果在一定程度上具有一致性。声誉也是一种企业信号战略。声誉其实是一种市场信号，它建立在信任的基础上，信任度越高，声誉对受体的影响越大（Herbig 和 Milewicz，1997）。企业的声誉能够起到食品质量安全的信号作用，但是，我们的验证结果是，声誉是部分中介，也就是说，供应链安全管理对绩效的正向影响只有部分通过企业声誉对食品企业在国内的销售绩效产生正向影响。企业声誉对国内食品市场的信号作用不是很强，我们认为主要原因还是与我国食品市场的现状有关。随着我国消费水平的提高，越来越多的消费者购买食品时更多地考虑食品的安全和质量问题，因而购买品牌食品，但相当一部分消费者还是以食品的价格作为购买决策的主要依据。产生这种结果的另一个可能的原因是，近年来有一些声誉较高的食品企业出现了质量安全问题，使消费者对品牌食品失去信心，因此，食品企业的声誉对国内市场声誉的信号作用有所降低。

对未得到实证支持的结果的解释。核心企业声誉对供应链的安全管理与核心企业的出口绩效产生的正向影响起到中介作用，但验证结果没支持我们的这一假设。在讨论食品质量安全认证对供应链的安全管理与企业在国内的销售绩效的影响时，我们提到信号机制的三个要素，即信号的传达者、接受者和信号本身。信号理论认为当信号战略的这三个要素中有一个无效时，企业所实施的信号战略是无效的。如果消费者对某个食品企业缺乏信任，我们认为，这时企业的声誉对于消费者而言就是一个无效信号。很多消费者只信任那些通过严格认证标准的认证食品。

5.2　供应链安全管理、食品认证和竞争力的关系

现代食品的质量安全问题并不是一个部门或一个单位的责任，而是涉及从农田到餐桌所有环节的安全控制，如果其中任何一个环节的食品源发生污染或出现不安全问题，都可能随着大范围流通而扩散。因此，要保障食品的质量安全应从整个供应链的角度考虑。大部分农产食品具有信任属性和经验属性，购买或者消费前无法观测到其质量。高质量（或安全）的产品或服务的提供者为了将其产品或服务与其他低质量的产品或服务区分开来，而采用

信号战略。

本书首先识别了供应链安全管理的两个关键维度——内部供应链安全管理和外部供应链安全管理，从供应链安全管理的视角出发，整合交易成本理论和信号理论，以能力—信号—绩效为理论框架，构建以食品质量安全认证为中介的食品企业的（内部和外部）供应链安全管理与（国内与国际）销售绩效之间的关系模型。为验证假设，我们选择了我国西部地区的食品企业作为研究对象，从各个地区绿色发展中心和乡镇企业局收集 2010 年至 2014 年 320 家食品企业的二手数据，采用多元回归分析的逐步回归预测模型。研究结果表明，内部供应链的安全管理对食品企业的国内销售绩效具有积极影响，但作为食品质量安全信号的食品质量安全认证和外部供应链的安全管理对食品企业的国内销售绩效没有显著影响；内部供应链的安全管理和外部供应链的安全管理均对食品企业的国际销售绩效具有积极影响，食品质量安全认证作为完全中介对食品企业的国际销售绩效产生间接影响。内部供应链的安全管理促进了食品企业的国内竞争力，但是，能实现国际竞争力的食品企业不仅需要良好的内部供应链的安全管理，更需要外部供应链的安全能力的形成，并且获得食品认证。由此，应从供应链安全管理的投资与建设的视角，为改善中国食品的安全和质量提供启示和解决途径。

5.2.1 引言

近年来，从中国食品安全问题中折射出的食品供应链所存在的问题，直接导致了消费者对各类食品质量的不信任。因此，如何加强中国食品或农产品行业的供应链安全成为供应链管理研究的重要问题。供应链安全管理是指防御供应链资产（产品、设施、设备、信息、员工）被盗、被破坏或被损坏行为，或者防止引进未通过允许的违禁品、人或其他事物对供应链造成重大破坏而采用的政策、操作程序、技术。传统上的安全管理被认为是交易过程中的冲突管理，但是，今天供应链管理中所讲的安全管理主要以组织风险管理为主。企业实施安全管理的动机包括维护产品的品牌、品质；满足消费者需求或交易伙伴的要求；增加产品的可追溯性等，最终目标是保证供应链组织的安全，实现经营和战略目标。一旦因为安全问题导致供应链断裂，会对企业供应链绩效产生直接的消极影响，因而供应链安全管理被认为是供应链管理的重要方面，食品供应链的安全管理也成为重中之重。

大部分学者对食品供应链的研究仍然处在初期阶段，所关注的问题也主要是整个链条的经济绩效，以及供应链伙伴的预测能力在生产、分销、库存管理方面的实践，而真正将食品安全问题作为整个供应链活动的产出，并探讨其与最终绩效的关联的研究却非常少。基于此，本书基于交易成本理论和信号理论，对食品供应链安全的研究主要围绕以下几个方面展开：第一，探索食品供应链安全管理能力所体现的维度，以及这些不同的能力作用于企业经营绩效的机制；第二，对比分析面向国内市场以及面向国际市场的企业在食品供应链安全管理能力上是否有差异；第三，验证食品认证作为一种信号表征在安全管理能力和企业绩效之间发挥的重要作用。

5.2.2 相关研究评述和研究假设

（1）食品生产经营中的交易成本与供应链安全管理。

交易成本是在达成交易时所产生和支付的成本，这种成本包括事前和事后两大类的成本。事前交易成本是在签约、谈判或交易形成过程中产生的成本，而事后交易成本则是在履行契约过程中或之后发生的执行或监督的成本，这两类成本的产生与交易的性质密切相关。在食品行业中，往往就存在着较高的事前和事后交易成本，这是因为食品的产品特征（其前因是技术、规范和社会经济）会影响到其交易特征（由产品特征形成的推动因素本身也会影响交易特征），进而影响到交易成本的产生和大小。食品特征主要体现在寻找属性、经验属性和信任属性三方面：寻找属性指的是消费者在购买之前能够获取和评价产品的信息；经验属性是指唯有在消费者购买并使用一段时间后才能知晓该产品的内在品质；而信任属性则是在消费者购买了该产品之后都无法得知的产品信息。大部分农产食品具有信任属性和经验属性，购买或者消费前无法观测到其质量，因此，消费者面临"事前"不确定性。这种不确定性可能会延续到食品安全事件发生之后，比如食源疾病发生后才知道该食品的质量特征（缺陷），如果消费者不能确定疾病的来源，那么将面临"事后"不确定性。这些不确定性追溯到农产品供应链上，主要是食品生产企业所面临的信息不对称问题，因为企业所用的原材料（农产品）同样具有信任属性和经验属性，其质量同样无法观测到。特别是在国际贸易中，由于供应链参与主体的多样性和地理距离的遥远，使得无论是采购还是销售都会存在高度的风险和不确定性，因此，食品质量的经验属性和信任属性存在的信息不对称会引起道德风险和逆向选择问题：前者出现在外观上不能直接观测到产品质量特征，并且生产安全、高质量的产品成本相对较高；后者发生在消费者无法获取产品质量的真实信息时，高质量产品的生产者被具有低成本优势的低质产品生产者从市场中驱除出去。为解决交易存在的这些问题，越来越多的食品企业开始对供应链进行整合协调，以加强农产品或食品在生产和分销过程中可能出现的安全问题，保证产品的可追溯性，降低道德风险和逆向选择行为的发生，实现良好的企业绩效。

由此可见，农产品或食品问题的出现，不仅容易发生在某个企业内部，而且也容易在整个供应链运营过程中产生风险。但是，现有研究更多地聚焦在对食品供应链安全管理的概念界定和风险分类上，而忽视了从供应链的视角，分析组织内以及组织间的整合和协调问题。事实上，食品企业通过内部各个职能部门的协调，可以保证食品本身的质量安全，以及在企业内部生产过程中的质量安全；与此同时，通过其外部供应链中各个伙伴之间的关系的紧密协调，一方面控制和保证食品在整个供应链流程中的质量，另一方面在合作过程中也能够吸收先进的生产管理技术等，以提升其安全管理能力。由此可以看出，食品企业供应链的安全管理能力是组织的重要战略资产，它包含了企业内部各个职能部门的协调能力，以及与其外部供应链中各个伙伴之间关系的协调能力，成为企业一种不可模仿的、不可替代的、稀有的和有价值的资源。这样，食品供应链的安全管理不仅可以迅速地应对供应链运营中可能发生的危机，而且也能通过有效的内外部沟通和信号传递在供应链运作的最初阶段防止危机的发生。

（2）内部供应链的安全管理与食品企业的绩效。

内部供应链的安全管理是指，通过企业不同职能部门之间的协作，执行和控制采购、生产、质量管理等活动，防止供应链中断或风险，保证供应链安全、持续运营的行为。要想实施良好的供应链安全管理，企业内部各个职能部门在协调合作方面需要做出较大的努力。组织内的供应链安全管理行为包括防御型和响应型的措施。防御型措施是供应链安全管理最常用的措施，它是企业主动实施的、为了防范运营中的问题而采取的控制手段，包括产品安全和质量方面的监管制度，比如最低库存、产品的可追溯性、产品生产标准、操作标准、作业环境的要求等。而响应型措施则是为了适应外部的制度压力，为实现企业在社会中的合法性而采用的标准化管理流程和规范，这主要反映为企业的生产经营体系认证。这种体系能指导企业实现良好的仓储、运输作业标准以及全过程的质量管理。对于食品供应链核心企业来说，内部控制的有效性水平和内部控制信息的透明度都为食品的安全提供了保障[24]。目前大部分食品供应链上的企业一般都遵循食品质量安全的基本标准，例如，良好农业生产实践（Good Agricultural Practices，GAPs）、关键控制点风险分析（Hazard Analysis of Critical Control Points，HACCPs）和国际标准组织（International Organization for Standardization，ISO）等食品安全和质量认证系统，来保证供应链内部运营的安全性。

已有研究表明，内部标准化对安全事件的响应以及恢复方面具有重要的作用。质量监控和体系认证能够改善企业的安全控制能力以及提高工作效率，从而增强企业的竞争优势，特别是体系认证能够增强消费者对食品质量安全的信任，这是因为认证系统所包含的有关产品生产等方面的记录，能够提高食品供应链的可追溯性。另外，生产过程的记录使供应链的生产和管理实践更加紧密。此外，认证通过质量管理系统记录向企业外部传递质量信号，使供应链节约交易成本，比如，能够降低供应链中协商和监督成本，节约买方搜寻产品的成本，通过标准化生产减少浪费等，从而能够提高整个供应链的绩效。尤其是在国际贸易的过程，食品安全和质量标准已经成为必要的评价因素。

综上所述，质量控制和体系认证作为内部供应链安全管理的主要手段，能够提高企业对不良安全事件的防御、响应、恢复的能力，促进企业内部不同职能之间的协调和统一管理，提高企业的生产效率，节约交易成本，进而对企业的销售产生积极的影响。特别是发展中国家的企业在从事国际贸易的过程中，这种质量控制和体系认证对于提升竞争力具有很重要的作用，因而，我们提出如下假设。

H1a：内部食品供应链的安全管理对食品企业在国内的销售绩效产生正向影响。

H1b：内部食品供应链的安全管理与食品企业在国际的销售绩效产生正向影响。

（3）外部供应链的安全管理与食品企业的绩效。

食品企业外部供应链的安全管理主要强调企业与外部上下游组织之间的协同与合作，这种供应链的纵向协调是保证食品质量安全、降低各项交易成本和风险的重要组织形式。这是因为最终市场的食品安全质量依赖于整条供应链各个阶段的质量安全保证能力和实践，这种质量保证行为伴随着过程控制和过程完善，即供应链的紧密协调。已有的研究表明，如果能与供应商相互沟通有关产品、生产过程、生产计划和生产能力等方面信息，就能帮助企业制定高效率的计划，实现高质量的成果。此外，供应链建设强调供应端和需求端的无缝连接，特别是商流、物流、信息流和资金流的整合，降低全渠道中的库存，并且强化上下游之间的流程和要素管理，这种全面的价值链管理最终有利于全面质量管理的实现。尤其是在食品行业中，由于产业链较长，并且参与者分散，相互之间依赖性较强，全球化程度深，面临着较多风险，而且食品容易成为有意和无意污染的对象。因此，供应链的紧密协调成为食品企业遵循食品安全质量规范和实现食品的可追溯性的关键。

特别是有些食品企业存在着全产业链过程的管理不当，供应、生产以及分销渠道也常常出现各类问题，诸如生产污染或者由于缺乏良好的冷链导致产品变质等。在这种状况下，如果能实现供应链的紧密协调，缩短食品供应链的长度，提高产业链的集中度，基于农产品生产者产前、产中和产后的供求关系，有效地整合供应方或农户，切实地强化生产和市场端的连接和管理，食品供应链中上下游之间的信息不对称问题将会消除，因而有效防止道德风险和逆向选择问题的发生。这样做不仅可以使食品安全风险发生的概率降低，还可以控制和降低企业的交易成本，促进价值的创造，改善供应链的利润，特别是供应链参与者之间通过紧密合作，建立共享型的产品追踪信息和数据库，能有效地防止食品安全问题的发生，为企业带来良好的绩效。例如，物联网技术在农产品供应链中的应用就可以促进农产品质量安全信息共享，建立全方位的质量安全监督机制。另外，企业外部供应链的协调能力和供应链伙伴之间的紧密关系是企业的一种稀有的、不可模仿和不可替代的、有价值的资源，因此，这种独特的资源和能力能成为企业国际竞争力的重要来源。因此，可以做出如下假设。

H2a：外部供应链的安全管理对食品企业在国内的销售绩效产生正向影响。

H2b：外部供应链的安全管理对食品企业在国际的销售绩效产生正向影响。

（4）食品质量安全认证的中介作用。

食品供应链安全管理的主要目的在于提高或保证食品质量安全。企业所生产的食品质量越高，向市场传达这种积极信号的动机越强烈，从而采取信号战略的可能性就越高。高质量（或安全）产品或服务的提供者为了将其产品或服务与其他低质量产品或服务区分开来，而采用的战略称之为信号战略，包括建立好的声誉、第三方认证、担保和信息纰漏。

在食品质量的三种属性中，寻找属性是消费者可以直接了解的内在和外在特征，因此，不存在信息不对称性问题；经验属性是在消费者消费之后才能获知的内在特征，而信任属性是即使消费者消费之后也无法获知的与食品安全和营养水平等方面相关的特征，因此，后两个属性包含企业内部与消费者之间的大量的信息不对称性。食品质量属性包含的这种信息不对称的直接后果是由逆向选择而造成的市场失灵，只有质量信号充分而有效，该市场才能有效运转。对食品质量的经验属性而言，由于消费者在消费后可以了解其质量属性，因而生产者会有一定的动机去传递相关质量信号。食品是生活必需品，一般都会被重复购买，因此，生产者为了维持其声誉而努力向市场提供高质量的产品。对于食品质量的信任属性而言，由于消费者在消费以后都无法了解产品质量的真实状况，不得不完全由生产者摆布。这种信息的完全不对称使得消费者面临严重的食品质量安全与健康风险。因此，有必要由足以令消费者信任的第三方介入市场，提供有效信号传递机制，从而解决食品质量安全信号的市场失灵问题。王殿华、翟璐怡认为，为了防止企业在全球贸易中出现食品召回问题，在出口之前通过第三方认证成为管理食品质量的重要环节，至于这个第三方既可以是政府，也可以是非政府组织。本书认为食品安全质量认证可以作为传递食品质量信息的一种信号。

有研究指出，企业导入食品质量安全认证的主要动机之一是提高企业的竞争能力。由于食品企业具有同质性，食品安全质量认证通过产品的特定标准、成本结构和资源的不同来区分产品，提高企业的竞争能力。通过产品质量安全认证的企业较容易满足公共要求，并且在较严格的规范条件下，也能满足严格的进出口标准（如产品出口国的质量安全方面的标准）。因此，本书认为，食品质量认证能够成为市场进入障碍，防止新进入者进入该市场。另一方面，它也能从市场淘汰一部分不具备竞争能力的企业（随着食品质量安全标准的提高，无法达到该标准的企业将被淘汰）。食品质量安全认证的积极作用不仅表现在供应方面，也能通过影响需求产生提高竞争能力的作用。食品质量安全认证为消费者提供与食品质量安全方面的信息，这些信息能够帮助消费者评估食品质量，提高产品生产过程的透明性和产品的可追溯性。消费者为"安全食品"愿意支付的潜在的溢价促使食品企业认证其产品，并且也愿意为消费者提供相关信息。在信息不完整的条件下，产品质量是区分产品而获得竞争优势的途径，而产品质量安全认证是给消费者传达这种信息的一种信号。尤其是发生了重大安全质量事件，消费者对感知风险而不是客观风险做出反应时，传达食品质量安全的正确信号显得尤为重要。因而，正确评估消费者为感知的风险愿意支付的溢价是食品企业选择某种特定标准或认证面临的挑战。

由于供应链的参与企业通过高标准生产过程和供应链运营能改善整个供应链的经营能力，这种能力必然有助于企业向市场传递正确、有效的信号。一方面借助于企业内部实施的质量和供应链管理体系，使企业能向市场传递其良好的管理能力，从而生产出高质量、安全产品的信号；另一方面，外部供应链的安全管理则经由对产业链上参与者的协调和管理，展现整个供应链运营过程中的安全和高质量，有助于企业更好地向市场传递良好的信号，最终影响企业的经营绩效和竞争力。因此，我们做出以下假设。

H3a：供应链的内部安全管理对食品企业在国内销售绩效的正向影响是通过食品质量安全认证的中介作用实现的。

H3b：供应链的内部安全管理对食品企业在国际销售绩效的正向影响是通过食品质量安全认证的中介作用实现的。

H4a：供应链的外部安全管理对食品企业在国内销售绩效的正向影响是通过食品质量安全认证的中介作用实现的。

H4b：供应链的外部安全管理对食品企业在国际销售绩效的正向影响是通过食品质量安全认证的中介作用实现的。

基于以上研究假设，本研究的模型如图 5-9 所示。

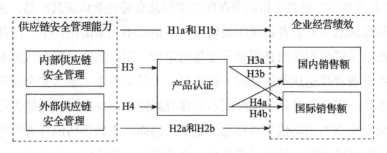

图 5-9　理论模型示意图

5.2.3 研究方法与研究结果

（1）研究过程和样本来源。

本文选择了我国西部地区食品行业的一些企业作为研究样本，采用了二手数据进行分析。数据收集工作从 2010 年延续到 2014 年，收集了 320 家食品企业的二手资料和信息。这些企业都从事食品销售或食品加工。二手资料的来源主要为各个地区绿色发展中心和乡镇企业局。绿色食品发展中心是组织和指导绿色食品开发和管理工作的机构，收录了申请绿色食品认证企业的相关信息，从申请表中我们可以获取这些企业的基本信息（企业类型、总资产和企业员工数等）和申请了认证的产品信息（产品类型、价格和销售量等）。乡镇企业局是负责监督所有地方企业的政府机构，收录了农产品和食品行业中一些龙头企业的信息和资料，从中我们可以获取样本企业的基本信息以及与农户关系的相关信息（是否给农户提供服务、与农户关系的紧密程度）。从该机构对其管辖范围内的企业的年度调查表中我们可以获取样本企业的经营状况、其供应链相关的特定信息（与农户的合作关系和自建基地规模等）以及所获得的各种认证信息。经过筛选，最终得到符合我们研究要求的 240 家企业样本。这些企业中从事新鲜蔬菜、瓜果类食品加工的企业占 39.497%，干果类占 27.002%，禽蛋、肉类占 21.249%，罐头类占 12.252%。本书采用了逐步回归法进行统计研究，在加入控制变量之后，对于主效应、中介效应进行检验。

（2）变量设置与测量。

根据本书的研究目的，我们选择了如下指标进行变量的测量（见表 5-10）。

表 5-10 变量设置

变量类型	变量名称	指标	数据类型	数据来源
自变量	内部供应链安全管理	是否建立质监部门 通过的体系认证	虚拟	二手数据
	外部供应链安全管理	与农户的利益联系方式	等级变量	二手数据
		原料从自建基地采购量占加工总量的比例	连续	二手数据
中介变量	食品安全和质量认证	有机食品认证	虚拟	二手数据
		绿色食品认证	虚拟	二手数据
		无公害食品认证	虚拟	二手数据
因变量	国内销售额	2014 年销售收入	连续	二手数据
	国外销售额	2014 年创汇额	连续	二手数据
控制变量	企业类型	初加工、深加工、产成品	虚拟	二手数据
	总资产	Ln 总资产	连续	二手数据

自变量：企业内部供应链的安全管理和企业外部供应链的安全管理，主要依据理论研究中总结的几个维度进行测量。

从两个维度对内部供应链安全管理进行测量；第一，是否建立质监部门，该部门负责监督企业内部供应链各个环节产品生产的质量是否达到预期标准，是虚拟变量；第二，企业通过的体系认证。该指标主要测量食品生产的加工、服务等过程的质量安全保证程度。由于企业认证的种类较多，我们只跟踪与食品质量安全相关较大的 ISO9000、ISO14000、QS 和 HACCP 四种认证，根据其获得的认证数打分。举例来说，一家获得了 ISO9000 和 QS 认证的企业，内部供应链安全管理是上述两个维度标准化值的总和，因此，其体系认证的得分应该为 2。

从两个维度对外部供应链安全管理进行测量：第一，与农户的利益联系方式。作为供应链上游伙伴，与农户的联系方式是单纯市场交易还是合作或股份合作，是等级变量。关系类型是市场交易取值为"1"，合作取值为"2"，股份合作取值为"3"；第二，原料从自建基地的采购量占加工总量的比例是连续变量。把以上两个维度标准化值相加，即得到外部供应链安全管理的分数。

因变量：本书选择该企业的国内销售额和国际销售额作为绩效的指标。两个指标均为连续变量，我们对两个变量进行了标准化处理。

中介变量：食品质量安全认证。食品安全质量认证是保证食品满足特定标准，有无公害食品认证、绿色食品认证和有机食品认证。无公害食品是最低标准，以生产地认定与产品认证相结合，为保证消费者基本安全需求而实施的强制性管理制度。绿色食品是能够达到食品质量安全标准的国际先进水平的食品产品，其卫生安全指标一般高于国家标准。绿色食品代表的是"安全、高质、环保"，绿色食品认证一般与证明商标相结合使用。有机食品是指遵循可持续发展的基本原则，生态环境不受到污染，根据有机农业生产要求进行生产，生产活动有助于建立并恢复生态系统的良性循环，以及获得独立认证机构认证的食品。本书把每种认证都设为虚拟变量，也就是企业获得任何一种认证，取值为"1"，否则为"0"。举例来说，一家企业的产品只是无公害产品，达到了国家对食品安全的最基本的标准，则取值为"1"；当一家企业的产品既获得无公害认证，又获得绿色认证时，表明该企业食品质量安全的标准高于国家基本标准，则取值为"2"；同样，一家企业的产品同时获得无公害认证、绿色认证和有机认证，那么该企业对食品质量安全的标准更高，则取值为"3"，之后对食品安全质量认证的取值进行了标准化处理。

控制变量：根据本书选择样本的特点，选择了企业总资产、企业类型作为控制变量。这些变量都会从不同程度影响最终的财务绩效或者食品质量，所以，需要将上述变量控制起来。

5.2.4 研究结果

本书采用多元回归分析的逐步回归预测模型，利用SPSS18.0软件进行数据分析：表5-11显示了各个变量（标准化）间的简单相关关系，供应链安全管理与企业绩效以及食品安全质量认证之间的相关系数比较显著，且具有正向的相关关系，表明这些变量之间存在显著的内在关系。

表5-11　Pearson 相关

	企业总资产	企业类型	内部供应链管理	外部供应链管理	产品安全认证	国内销售额	国外销售额
企业总资产	1						
企业类型	-0.033	1					
内部供应链管理	0.391**	0.072	1				
外部供应链管理	0.091	0.124*	0.167**	1			
产品安全认证	0.122*	0.129*	0.313**	0.344**	1		
国内销售额	0.578**	-0.061	0.378**	0.040	0.136*	1	
国外销售额	0.264**	0.018	0.224**	0.144*	0.320**	0.540**	1

注：+$P<0.10$，*$P<0.05$，**$P<0.01$（双尾）。

表5-12采用逐步回归的方法衡量了供应链安全管理以及产品认证对国内销售业绩的影响。模型1只是考虑了控制变量对国内销售的影响，结果表明，控制变量总资产对企业国内销售绩效的作用显著，而控制变量企业类型对国内企业绩效的作用并不显著。

模型 2 和模型 3 是在控制变量的基础上逐步增加了内部供应链安全管理和外部供应链安全管理对因变量的影响，结果显示，内部供应链安全管理水平对食品企业国内财务绩效有正向的显著影响（$\beta = 0.190$；$p < 0.01$），而外部供应链安全管理对因变量的作用并不显著（$\beta = -0.031$），支持了假设 1a；而外部供应链安全管理对食品企业国内绩效的影响不显著，假设 2a 没被支持。模型 4 中纳入了中介变量食品质量安全认证，回归分析结果表明，产品认证对因变量的作用不显著（$\beta = 0.040$，ns），假设 3a 和 4a 没被支持。

表 5-12 供应链安全管理与产品认证对企业国内销售绩效的逐步回归

变量	模型 1	模型 2	模型 3	模型 4
控制变量				
总资产	0.577***	0.503***	0.505***	0.505***
企业类型	-0.042	-0.058	-0.054	-0.057
自变量				
内部供应链管理		0.186**	0.190**	0.179*
外部供应链管理			-0.031	-0.043
中介变量				
产品认证				0.040
R^2	0.336	0.365	0.366	0.367
$AdjR^2$	0.331	0.358	0.356	0.355
$\triangle R^2$		0.029	0.001	0.002
F 值	67.502*	50.905*	38.187*	30.609*

注：$+P<0.10$，$*P<0.05$，$**P<0.01$（双尾）。

表 5-13 采用逐步回归的方法衡量了供应链安全管理以及产品认证对企业在国际销售业绩的影响。模型 5 只是考虑了控制变量对出口销售的影响，结果表明，控制变量总资产对企业出口绩效的作用显著，而控制变量企业类型对企业出口绩效的作用并不显著。模型 6 和模型 7 是在控制变量的基础上逐步增加了内部

供应链安全管理和外部供应链安全管理对因变量的影响，结果显示，内部供应链安全管理和外部供应链安全管理均对食品企业出口绩效有正向的显著影响（$\beta = 0.126$，$p < 0.05$；$\beta = -0.104$，$p < 0.05$），支持了假设 1b 和 2b。模型 8 中纳入了中介变量食品质量安全认证，回归分析结果表明，产品认证对因变量的作用显著（$\beta = 0.271$，$p < 0.001$），假设 3b 和 4b 被支持。

表 5-13　供应链安全管理与产品认证对企业国际销售绩效的逐步回归

变量	模型 5	模型 6	模型 7	模型 8
控制变量				
总资产	0.265***	0.210***	0.206***	0.207***
企业类型	0.027	0.015	0.003	-0.017
自变量				
内部供应链管理		0.141*	0.126*	0.055
外部供应链管理			0.104*	0.025
中介变量				
产品认证				0.271***
R^2	0.071	0.087	0.366	0.367
$AdjR^2$	0.064	0.077	0.356	0.355
$\triangle R^2$		0.016	0.279	0.001
F 值	10.137*	8.473*	38.187*	30.609*

注：+P<0.10，*P<0.05，**P<0.01（双尾）。

5.2.5　结论与启示

现代食品的质量安全问题并不是一个部门或一个单位的责任，而是涉及整个食品供应链中的各个环节，即食品的质量安全涉及从农田到餐桌所有环节的安全控制，如果其中任何一个环节的食品源发生污染或出现不安全问题都可能随着大范围流通而扩散至全国甚至全球。本书就近年来消费者十分关心的食品安全质量问题进行了研究，探索供应链安全管理对食品质量安全的影响，以及对食品企业国内销售和出口绩效的作用。研究结论和启示如下。

第一，内部供应链安全管理对食品企业的国内销售绩效具有直接的积极影响，但作为食品质量安全信号的食品质量安全认证和外部供应链安全管理对食品企业的国内销售绩效没有显著影响。食品供应链是从最初的产品生产到终端消费者所组成的整体系统，这种整体系统的建立和管理对于保障食品安全质量发挥了重要作用，尤其是农产品初期阶段的协调与管理。研究结果表明，促进食品企业国内销售的主要动因，来自内部的供应链安全管理能力，即企业的质量管理和生产体系的认证，而外部供应链安全管理，以及食品质量本身的认证并没有产生直接的影响。可能是因为国内环境和社会公众尽管开始关注食品的安全生产，但是，对于食品企业如何通过外部供应链整合，真正做到从农田到餐桌尚没有给予足够的重视，或者说由于缺乏有效的手段知晓这一管理能力，而无法给予足够的外部压力。与此同时，由于行业准入较低，竞争恶性化，客户对食品安全的关注往往与价格关注并存，使得某些时候会淡化外部供应链安全能力建设和对产品认证的重视。这一推论与皮格特和马莎的研究相一致，他们研究发现消费者的需求对食品安全信号的反应要小于对价格的反应，即便发生了重大的安全事件，尽管消费需求会做出巨大反应，但效应却是短期的。这也说明，在食品安全供应链、质量信号战略的应用中，目前我国国内市场的食品供应链安全建设的制度压力不够，规制需要完善和细化。同时，企业要实现高水准的安全质量，应该对整个供应链各个环节进行安全质量的控制，这种安全控制与管理既包括企业内部跨职能的供应链管理，也包括跨组织之间的供应链整合。

　　第二，内部供应链安全管理和外部供应链安全管理均对食品企业的国际销售绩效具有直接的、积极影响，食品质量安全认证作为完全中介对食品企业的国际销售绩效产生间接影响。食品供应链安全管理的关键在于企业能否建立较完善的安全质量管理体系，并且作为市场端的企业能否有效地带动产品链最初端的农户，并与之进行有效的合作。虽然结果显示外部供应链安全管理对国内销售绩效没有影响，但是，内部供应链安全管理和外部供应链安全管理均对食品企业国际销售绩效有正向的显著影响。这说明食品企业要实现良好的国际经营绩效，不仅需要强化自身的质量管理和生产体系，而且还能实现良好的外部供应链安全管理和产品认证。这是因为国际市场更加关注产品安全问题和供应链各环节合作伙伴的安全生产，从而能做到全程的可追溯。因此，这种真正从地头到餐桌的供应链安全管理对于提升食品的安全质量，尤其是国际竞争力具有积极作用。这无疑说明提高中国食品安全质量的最重要的途径就是推动企业对内部和外部供应链的投资与建设，这是如今改善中国食品安全质量的基础和根本途径。

　　第三，内部供应链安全管理和外部供应链安全管理以食品质量安全认证作为完全中介对食品企业国际销售绩效产生间接影响。本书将战略管理领域中的信号战略应用于食品管理领域，研究认为，由于食品以及食品行业的内在特征，其经验属性和信任属性容易产生信息不对称的问题。结果也验证了产品认证在供应链安全管理和企业国际销售绩效之间的中介作用。通过产品认证等质量标签向市场传递该产品的正确的质量信号，可以提高企业的绩效。而这种质量信号不仅表明食品不存在任何危害消费者健康，或者产生疾病的特性，即其内在的品质要求，而且覆盖了从种植、原材料和加工过程控制，到成品检验等全过程，即食品生产经营的全过程质量的所有信息。从这个意义上讲，食品质量安全认证能较为全面地反映该食品的安全和质量特性。这种质量信号的重要性在于，它可以方便消费者对产品的寻找和评估，从而为消费者节约有关寻找和评估产品过程中产生的成本，从而对企业绩效产生影响。另一方面，食品质量安全认证是食品企业的产品差别化战略的一种，食品安全质量认证通过区分产品，提高了企业的竞争能力。特别是在信息不完整的条件下，产品质量安全认证是区分产品而获得竞争优势的有效途径。马佐卡的研究也提出："……产品在采购过程中往往存在着搜寻成本，而认证体系在其中能够到信号的作用，并且它还可以作为一种有效的沟通方式，降低产品在销售过程中存在的费用"。因此，解决食品质量信息不对称的主要途径就需要借助于质量标签，即通过产品认证等质量标签向市场传递该产品的正确的质量信号。通过形成完整的供应链安全管理能力，并且获得产品质量认证，我国食品企业才能形成强大的国际竞争力。

本书的结论对于深入和拓展供应链管理理论和信号理论的研究具有重要意义，这些理论贡献也是本书的创新点所在。主要体现在以下两个方面：

第一，本书从核心企业视角，识别了供应链安全管理的内部供应链安全管理和外部供应链安全管理两个维度，拓展了供应链安全管理的理论框架并提供了实证支持。关于食品企业绩效驱动因素的研究中提到的战略要素多局限于供应链协调或供应链的某个方面，比如可追溯性。而在供应链管理中，食品企业一方面要通过与其上下游企业的协调共同保证其产品的质量安全，另一方面更为重要的是整合其内部各个职能，通过生产过程的标准化保证食品安全显得尤为重要。本书把供应链安全管理的两个维度包含在研究模型的同时，把企业质量安全体系认证作为内部供应链安全管理的主要维度，提升了其直观性。另外，在食品企业绩效研究中，很少有人从国内和国际两个角度分开研究其影响因素，本书通过分开分析验证这两个绩效指标，发现供应链安全管理的两个维度对国内销售和出口绩效产生不同影响。这有利于我们从核心企业的视角，更全面地理解供应链安全管理对绩效的作用路径和局限性，拓展了食品企业绩效的影响因素研究框架，并进一步提供了实证支持。

第二，从核心企业视角，研究食品质量安全认证这种信号战略，本书阐述并检验了食品质量安全认证在食品企业国内销售绩效和国际销售绩效的影响的中介作用，为能力——信号——绩效的理论分析框架提供了进一步实证支持。更进一步，发现食品质量和安全认证作为一种信号在不同的情景其信号作用有所不同。具体讲，食品质量安全认证对国外市场的信号作用强于国内市场。这有利于我们从不同的情景出发，选择适合环境的信号，传达正确的产品信号，并提供了实证支持。根据信号理论，信号的三个要素是信号传递者、信号本身和信号接受者；而有效信号的两大特征是信号的可观察性和信号成本。本书验证的结果表明，有效信号还应该具有另一个特征，即信号的适用性。

本书运用二手数据探索了食品供应链安全管理、食品安全质量信号和企业绩效之间的关系，但在研究过程中由于主客观条件的限制，还存在一些不足。首先，本书的数据主要来自中国西部地区，而没有涵盖整个中国食品生产经营企业，这使研究的结论有一定的局限性，将来的研究可以进一步获取很多地区的二手数据进行全面检验；其次，本书主要是基于二手数据的实证研究，将来的研究可以进一步结合典型地区或典型企业进行案例研究，这样会使研究的结论和实践意义更为显著；第三，本书探索的质量安全信号只考虑了产品认证一种信号战略，今后的研究可以进一步探索其他信号战略的中介作用。

5.3 供应链安全管理能力对食品企业绩效的影响研究：比较两种信号的中介作用

随着农产品（食品）贸易全球化和现代农业产业化进程的推进，作为关键经营主体的食品企业发展迅速，但食品安全问题也日益凸显；在此背景下，食品企业如何保证食品安全以及向市场传递正确的食品质量安全的有效信号，成为其赢得信任并提升竞争力的关键。本书分析了供应链安全管理对食品质量安全信号以及企业国内销售和国际销售的影响作用，通过对我国西部地区食品行业企业二手数据的分析，发现：①供应链安全管理促进了食品企业的国内和国际销售额；②食品质量安全认证和声誉两种信号对不同市场的作用有所差异。

5.3.1 引言

供应链安全管理是指防御供应链资产（产品、设施、设备、信息、员工）被盗、被破坏或被损坏的行为，或者防止引进未通过允许的违禁品、人或其他事物对供应链造成重大破坏而采用的政策、操作程序、技术。传统的安全管理被认为是交易过程中的冲突管理，但是，今天供应链管理中所讲的安全管理主要以组织风险管理为主。因为供应链断裂对企业供应链绩效会产生直接的消极影响，因而供应链安全管理被认为是供应链管理的重要方面。近年来，食品供应链风险和安全管理成为供应链管理研究的重要方面。在被普遍认同的产品质量属性分类中，Nelson、Darby 和 Karni 在拓展 Stigler 信息搜寻理论的基础上，提出了产品质量的三类属性：寻找属性、经验属性和信任属性。大部分农产品具有信任属性和经验属性，消费者在购买或消费前无法观测到其质量，消费者面临"事前"不确定性。这种不确定性可能会延续到食品不良事件发生之后，比如食源疾病发生后才知道该食品的质量特征（缺陷），如果消费者不能确定疾病的来源，将面临"事后"不确定性。正是因为食品质量属性的信息不对称，就需要用一种信号来反映质量的真实属性。Akerlof（1970）等研究指出，当价格作为产品质量的唯一信息时，容易出现经验品和信任品的逆向选择问题。Fotopoulos 和 Krystallis（2001）研究认为解决这种问题的有效方式就是建立质量标签，这种信号的使用能够解决逆向选择问题，完善消费者所获取的信息，恢复部分市场效率。基于此，本书对食品供应链安全的研究主要围绕两个方面展开：第一，食品供应链安全管理能力究竟如何作用于企业的经营绩效；第二，食品认证和核心企业声誉作为信号对不同市场的作用是否存在差异。

5.3.2 文献回顾与研究假设

（1）食品供应链的安全管理、食品质量属性与企业绩效。

食品质量属性的经验属性和信任属性存在的信息不对称会引起道德风险和逆向选择问题。为解决交易存在的这些问题，越来越多的食品企业开始对供应链进行整合协调，以加强对农产品或食品在生产和分销过程中可能出现的安全问题的管控，保证产品的可追溯，降低道德风险和逆向选择行为的发生，实现良好的企业绩效（Per，2009）。要实现食品供应链的整合协调往往需要从组织内、组织之间或两者结合三种方式入手进行管理，这是因为农产品或食品问题的出现不仅容易发生在某个单一企业内部，而且也容易在整个供应链运营过程中产生风险（Leat 和 Revoredo-Giha，2013），因此，食品企业通过内部各个职能部门的协调，可以使食品在企业内部的生产过程和产品本身的质量安全得以保证。与此同时，通过其外部供应链中各个伙伴之间关系的紧密协调，能够吸收先进的生产管理技术等，以提升其安全管理能力（Martens、Crum、Poist，2011）。由此可以看出，食品企业供应链的安全管理能力是组织的重要战略资产，它包含企业内部各个职能部门的协调能力以及与其外部供应链中各个伙伴之间关系的协调能力，并形成一种不可模仿、不可替代、稀有的和有价值的资源。这样，食品供应链的安全管理不仅可以迅速地对应供应链运营中可能发生的危机，而且也能通过有效的内、外部沟通和信号传递在供应链运作的最初阶段防止危机的发生。综上所述，供应链安全管理是一种风险缓解战略，食品企业的供应链安全管理既可作为降低交易风险的一种手段，也可看成是企业获得绩效和竞争力的重要资源和能力。因此，我们做如下假设。

H1a：供应链安全管理对食品企业在国内的销售绩效产生正向影响；

H1b：供应链安全管理对食品企业在国际的销售绩效产生正向影响。

（2）核心企业声誉和产品质量认证的中介作用。

食品供应链安全管理的主要目的在于提高或保证食品质量安全。企业所生产的食品质量越高，向市场传达这种积极信号的动机越强烈，从而采取信号战略的可能性就越高。所谓信号战略，是高质量（或安全）产品或服务的提供者为区分其产品或服务与其他低质量产品或服务而采用的战略（Michael、Dewally、Louis 等，2006）。信号战略主要包括建立好的声誉、第三方认证、担保和信息披露。本文试图探索核心企业声誉和第三方认证的信号作用。有研究指出，企业导入食品质量安全认证的主要动机，一方面，是提高企业的竞争能力。由于食品企业具有同质性，食品安全质量认证通过（对产品的特定标准、成本结构和资源的不同）区分产品，提高企业的竞争能力（Abdelhakim、Hammoudi、Ruben，2009）。通过产品质量安全认证的企业较容易满足公共标准（Segerson，1999；Lutz 等，2000）；并且在较严格的规范条件下，也能满足标准（比如，产品出口国的质量安全方面的标准），因此，我们认为，食品质量认证能够成为市场进入障碍，防止新进入者进入该市场；另一方面，它也能从市场淘汰一部分企业（随着食品质量安全标准的提高，无法达到该标准的企业将被淘汰）。

由于供应链的参与，企业通过高标准生产过程和供应链运营能改善整个供应链的经营能力，这种能力必然有助于企业向市场传递正确、有效的信号。一方面，内部供应链的安全管理通过企业自身的质量管理和体系认证，使企业能向市场传递其良好的管理能力，从而生产出高质量、安全产品的信号；另一方面，外部供应链的安全管理则经由对产业链上的参与者的协调和管理，能展现整个供应链运营过程中的安全和高质量，也能有助于企业更好地向市场传递良好的信号，最终影响企业的经营绩效和市场竞争力。因此，我们做出以下假设。

H2a：供应链的安全管理对食品企业在国内的销售绩效的正向影响是通过食品质量安全认证的中介作用实现的。

H2b：供应链的安全管理对食品企业在国际的销售绩效的正向影响是通过食品质量安全认证的中介作用实现的。

声誉是一种市场信号的形式。声誉建立在信任的基础之上，消费者对企业的信任度越高，市场信号对其接受者的影响就会越强。同样的结论对品牌而言也是适用的。声誉是通过产品的质量和价值与顾客建立联系的，因此，声誉的建立是一个传达大量不同类型的信息的过程，包括产品质量及其一致性。对于食品的经验属性而言，声誉的建立可以提供给顾客有关产品的大量信息，使顾客能够识别该产品与其竞争品之间的任何不同。因此，我们做出以下假设。

H3a：供应链的安全管理对食品企业在国内的销售绩效的正向影响是通过核心企业声誉的中介作用实现的。

H3b：供应链的安全管理对食品企业在国际的销售绩效的正向影响是通过核心企业声誉的中介作用实现的。

基于以上研究假设，本书的模型如图 5-10 所示。

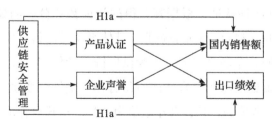

图 5-10 研究模型示意图

5.3.3 研究方法与研究结果

（1）研究过程和样本来源。

本书选择了我国西部地区食品行业的一些企业作为研究样本，采用二手数据进行分析。数据收集工作从 2010 年延续到 2014 年，选择了 320 家食品企业并收集与这些企业相关的二手资料和信息，这些企业都是从事食品销售或食品加工。经过筛选，最终得到符合我们研究要求的 240 家企业样本。这些企业中从事新鲜蔬菜、瓜果类食品加工的企业占 39.5%，从事干果类的企业占 27%，从事禽蛋、肉类的企业占 21.25%，从事罐头类的企业占 12.25%。本书采用了逐步回归法进行统计研究，在加入控制变量之后，对于主效应、中介效应进行检验。

（2）变量设置与测量（见表 5-14）。

自变量：供应链安全管理。供应链安全管理包括组织内各个职能部门的协调管理，组织之间的协调和整合管理。供应链安全管理从以下四个维度进行测量：①是否建立质监部门。该 部门负责监督企业内部供应链各个环节产品生产的质量是否达到预期标准，是虚拟变量。②企业通过的体系认证。该指标主要测量食品生产的加工、服务等过程质量安全保证程度。由于企业 认证种类较多，我们只跟踪与食品质量安全相关较大的 ISO9000、ISO14000、QS 和 HACCP 四种认证，根据其获得的认证数打分。例如，一家获得了 ISO9000 和 QS 认证的企业，其体系认证的得分应该为"2"。③与农户的利益联系方式。作为供应链上游伙伴，农户的联系方式是单纯市场交易还是合作或股份合作，是等级变量。关系类型是市场交易取值为"1"，合作取值为"2"。股份合作取值为"3"。④原料从自建基地的采购量占加工总量的比例，是连续变量。以上四个维度均值相加，即得到供应链安全管理的分数。

表 5-14 变量设置

变量类型	变量名称	指标	数据类型	数据来源
自变量	供应链安全管理	是否建立质监部门、通过的体系认证	虚拟	二手数据
		与农户的利益联系方式	等级变量	二手数据
		原料从自建基地的采购量占加工总量的比例	连续	二手数据
中介变量	食品安全和质量认证	有机食品认证	虚拟	二手数据
		绿色食品认证	虚拟	二手数据
		无公害食品认证	虚拟	二手数据
	声誉	信用等级	连续	二手数据
		获得国家或省部级科技成果奖		
		商标知名度		
因变量	国内销售收入	2014 年销售收入	连续	二手数据
	出口绩效	2014 年创汇额	连续	二手数据
控制变量	企业类型	食品生产或零售	虚拟	二手数据
	总资产	Ln 总资产	连续	二手数据

因变量：本书选择该企业的国内销售额和出口额作为绩效指标。两个指标均为连续变量，我们对两个变量进行了标准化处理。

中介变量：食品质量安全认证。食品安全认证是保证食品不会造成危害（对人或动物）。食品质量认证是保证食品指标的特定标准，有无公害食品认证、绿色食品认证和有机食品认证。本书把每种认证都设为虚拟变量，即企业获得任何一种认证，取值为"1"，否则为"0"。例如，一家企业的产品只是无公害产品，达到了国家食品安全的基本标准，则取值为"1"；当一家企业的产品既 获得无公害认证，又获得绿色认证时，表明该企业食品质量安全的标准高于国家基本标准，则取值为"2"；同样，一家企业的产品同时获得无公害认证、绿色认证和有机认证，那么该企业食品质量安全的标准更高，则取值为"3"；之后我们对食品安全质量认证的取值进行标准化处理。

控制变量：总资产、企业类型。根据本研究选择样本的特点，选择了企业总资产、企业类型作为控制变量，这些变量会从不同程度影响最终的财务绩效或者食品质量，所以，需要将上述变量控制起来。

（3）研究结果。

本书采用多元回归分析的逐步回归预测模型，利用SPSS18.0软件进行数据分析：表5-15显示了各个变量（标准化）间的简单相关关系，供应链安全管理与企业绩效以及食品安全质量认证之间的相关系数比较显著，且具有正向的相关关系，表明这些变量之间存在显著的内在关系。由表5-16可知，模型1是控制变量对因变量的回归分析模型，结果表明，控制变量总资产对企业在国内的销售绩效的作用显著，而控制变量企业类型对国内企业绩效的作用并不显著。模型2是在控制变量的基础上增加了供应链安全管理对因变量的影响，结果显示，供应链安全管理水平对食品企业在国内的销售收入有正向的显著影响（$\beta = 0.168$；$p < 0.1$），支持了假设1a。模型3和模型4中分别纳入了中介变量声誉和食品质量安全认证，回归分析结果表明，产品认证对因变量的作用不显著（$\beta = 0.40$），假设2a没有被支持；而声誉对因变量的作用显著（$\beta = 0.108$；$p < 0.01$），并且当控制了中介变量之后，自变量对因变量的作用有所降低，可见假设3a得到了部分支持；也就是说，供应链安全管理与食品企业在国内的销售收入之间的关系是通过

声誉的部分中介作用实现的。

表 5-15 Pearson 相关

变量	总资产	企业类型	供应链安全管理	企业声誉	产品质量安全认证	国内销售收入	国外销售收入
总资产（最对数）	1						
企业类型	-0.033	1					
供应链管理	0.251**	0.122*	1				
企业声誉	0.455**	-0.026*	0.327**	1			
产品质量与安全认证	0.122*	0.129*	0.323**	0.189**	1		
国内销售收入	0.578**	-0.061	0.258**	0.371**	0.136*	1	
国外销售收入	0.264**	0.018	0.214**	0.210**	0.320**	0.540**	1

注：*$P<0.10$，**$P<0.05$，***$P<0.01$（双尾）。

表 5-16 供应链安全管理、产品认证和声誉对
企业国内销售绩效的逐步回归统计

变量	模型 1	模型 2	模型 3	模型 4
控制变量				
总资产	0.577***	0.503***	0.505***	0.505***
企业类型	-0.042	-0.058	-0.054	-0.057
自变量				
供应链管理		0.168**	0.104**	0.164*
中介变量				
企业声誉			0.108*	
产品认证				0.040
R^2	0.336	0.365	0.366	0.367
AdjR^2	0.331	0.358	0.356	0.355
△ R^2		0.029	0.001	0.002
F 值	67.502*	50.905*	38.187*	30.609*

注：*$P<0.10$，**$P<0.05$，***$P<0.01$（双尾）。

表 5-17 供应链安全管理、产品认证和声誉对企业出口绩效的逐步回归统计

变量	模型 5	模型 6	模型 7	模型 8
控制变量				
总资产	0.265***	0.210***	0.206***	0.207***
企业类型	0.027	0.015	0.003	-0.017
自变量				
供应链安全管理		0.121*	0.120*	0.055
中介变量				
声誉				
产品认证				0.271***
R^2	0.071	0.087	0.366	0.367
$AdjR^2$	0.064	0.077	0.356	0.355
$\triangle R^2$		0.016	0.279	0.001
F 值	10.137*	8.473*	38.187*	30.609*

注：*$P<0.10$，**$P<0.05$，***$P<0.01$（双尾）。

由表 5-16 可知，模型 1 是控制变量对因变量的回归分析模型，结果表明，控制变量总资产对企业出口绩效的作用显著，而控制变量企业类型对企业出口绩效的作用并不显著。模型 6 是在控制变量的基础上增加了供应链安全管理对因变量的影响，结果显示，供应链安全管理对食品企业出口绩效有正向的显著影响（$\beta = 0.121$；$p < 0.05$），支持了假设 1b。模型 7 和模型 8 中分别纳入了中介变量食品质量安全认证和声誉，回归分析结果表明，产品认证对因变量的作用显著（$\beta = 0.271$；$p < 0.001$），并且当控制了中介变量之后，自变量对因变量的作用变得不显著，可见，假设 2b 得到了支持。也就是说，认证完全中介了供应链安全管理与食品企业国际销售收入之间的关系。声誉对因变量的作用不显著（$\beta = 0.059$），假设 3b 没被支持。

5.3.4 分析与结论

本书就近年来消费者十分关心的食品质量安全问题进行了研究，探索供应链安全管理对食品质量安全的影响以及供应链安全管理通过食品质量对食品企业国内销售和出口绩效的影响。首先，本书认为食品供应链安全管理的关键在于企业能否建立较完善的安全质量管理体系，作为市场端的企业能否有效地带动产品链最初端的农户，并且与之进行有效的合作。研究结果表明，这种真正从地头到餐桌的供应链安全管理对于提升食品的质量安全具有积极作用。其次，本书将战略管理领域中的信号战略的视角应用于食品管理领域，研究认为由于食品以及食品行业的内在特征，其经验属性和信任属性容易产生信息不对称，因此，解决食品质量信息不对称问题时就需要借助于质量标签，即通过核心企业声誉等质量标签向市场传递该产品的正确的质量信号。最后，在食品质量安全的信号战略的应用中，还有一个现象是值得关注的，即信号的有效性。通过研究发现，食品质量与安全认证和声誉在不同的情景下其信号作用有所不同，即食品质量安全认证对国外市场的信号作用强于国内市场，而声誉对国内市场的信号作用强于国际市场。这有利于我们从不同情景出发，选择适合于环境的信号、传达正确的产品信号。

第 6 章

食品企业产品质量信号与市场匹配机制的案例研究

6.1　样本企业的选择

　　为了更直观地检验本书提出的供应链安全管理、产品质量信号、财务绩效的逻辑框架的合理性，本书选取中粮新疆屯河股份有限公司（简称中粮屯河）和新疆麦趣尔（集团）有限公司（简称麦趣尔集团）作为案例研究对象，分析两个企业信号战略的不同特点，从企业实践过程分析回答前文提出的一些问题，例如，供应链安全管理的不同维度怎样影响企业的信号战略选择，企业选择不同的产品质量信号如何影响企业国内和出口绩效？

6.1.1　样本企业——中粮屯河

　　中粮屯河（COFCO TUNHE）是中国杰出的农产食品供应商。公司经营农业种植、农产品生产、加工和贸易业务，主要产品有番茄、林果和食糖等。它是世界大型番茄制品、甜菜糖和杏酱生产企业之一。中粮屯河的目标是成为果蔬食品加工行业的一流企业。该公司已经成为以番茄制品加工为主的跨国企业集团。公司的番茄制品畅销世界各地，主要出口国和地区有东南亚、欧洲、美国、俄罗斯等。中粮屯河与雀巢、亨氏和联合利华成为战略合作伙伴。

公司的番茄供应链实现纵向协调，即包含"从农田到餐桌"的各个关键环节。对于供应链的第一个环节——种子的培育和研发，公司已自建研究机构，有新疆、海南等育种基地，还与中国农科院、联合利华和亨氏公司等保持密切的科研合作。对于供应链的第二个环节——番茄供应体系，公司的原料质量和供应的稳定性主要通过种植地的收购和租赁来控制。对于供应链的第三个环节——采收和运输，公司基本实现采收的机械化以及运输的全程监控。对于供应链的第四个环节——加工，公司已拥有能够满足高质量、个性化需求的生产设备和技术。对于供应链的第五个环——销售渠道，公司主要通过伦敦鹏利、德国欧华等子公司将其产品售往世界各地。从技术标准（食品质量安全追溯系统）、管理体系（ISO9001：2000 认证、ISO14001：2000 认证）和产品认证（非转基因产品、绿色认证）等方面保证产品的质量和产品的生产过程。

6.1.2 样本企业——麦趣尔集团

麦趣尔集团是全国规模较大、技术含量较高的现代化特色食品集团。集团成立于 1988 年，是以高品质焙烤食品、乳制品、冷冻饮品、速冻食品精加工为主，兼有商贸流通、连锁物流等多种经营为一体的现代化特色食品集团。截至 2010 年，集团总资产 9 亿多元，占地面积 9.9 万平方米，职工人数 1686 人，其中，科技人员的数量为 326 人，实现销售收入 3 亿多元。集团以市场为导向，以科技为依托，以市场研发和产品质量为重点，进行新产品、新技术、新工艺的研发和推广，同时，实施技术改造，进行节能减排、节能降耗。集团主要产品有"麦趣尔"乳制品系列、焙烤食品系列、冷冻饮品系列、速冻食品系列等 400 多个品种，在全疆开设了 28 家"面包西饼"连锁店。"麦趣尔"已成为新疆家喻户晓的知名品牌。目前，乳制品系列产品除占领新疆市场，还远销北京等城市。集团十分重视产品的质量管理。集团严格执行全程品控质量检测，加强了"源头——运输——加工——出厂"的全程管控，实施品质负责制，已形成由下而上、由里至外的分工协作的供应体系。在牛奶产品质量的把控上从严从紧，在选择牧场牛群，集中采奶、生产研发、质量控制、环境监测、牛奶加工、运输冷藏、终端投放等一系列重要环节都建立了严格的质量标准和有效管理，对原材料入库和生产过程进行严格控制，产品出口必须经过检验，严格按照 ISO9001 质量管理体系、ISO22000 食品安全管理体系标准执行，为麦趣尔整合乳业资源和顺应市场竞争提供了良好的后台保障。

6.2 多案例比较分析

以上两个案例展示了两家企业不同的产品质量信号，而对于核心企业传递的不同的产品质量信号可以用企业的能力（供应链安全控制管理能力）和战略意图（目标市场）来解释。两个案例都支持了食品企业销售绩效可以由产品质量信号的有效传递来解释，同时案例也解释了企业供应链安全管理能力与其所选择的产品质量安全信号之间的关系。

6.2.1 供应链安全管理

（1）内部供应链安全管理方面的举措。

中粮屯河致力于精细化管理和标准化建设，努力抓好食品安全工作，建立了整条供应链的可追溯的质量管理体系，通过了HACCP 食品安全管理体系认证、GAP 体系认证、GMP 体系认证、ISO9001：2000 质量管理体系认证、ISO14001 环境管理体系认证，还建立了农残追溯控制体系。中粮屯河检测分析研究中心获得中国实验室国家评定认可委员会认可（CNAS），中粮屯河严格依照ISO/IEC17025 标准建立了公司的质量控制体系。中粮屯河的高管在访谈中介绍：

我们的番茄制品在国际市场占领这么大份额是离不开公司内部严格的质量控制制度，每通过一种体系认证，我们发现公司在产品质量保证方面有很大的提升。公司内部各个职能部门的紧密协调和产品生产的每个环节的无缝衔接是保证食品质量安全的前提条件，其实，每种体系认证都从不同角度实现了这种协调和衔接。

麦趣尔集团十分重视产品质量管理，2007 年集团通过 ISO9001质量管理体系、ISO14001 环境管理体系、ISO22000 食品安全管理体系认证，成为自治区第一家一次性通过三个管理体系认证的食品加工企业。麦趣尔集团的高管在访谈中谈到：

保证食品安全最主要的环节就是内部管理，企业内部管理制度越完善，其产品质量安全越能得到保证。集团通过各项体系认证，使企业内部管理得到改善和提升，以企业各个职能部门的协调合作保证食品质量安全。

（2）外部供应链安全管理方面的举措。

中粮屯河利用自身的资金、资源等优势通过供应链的纵向整合，将种业研发、原料生产和供应、销售等环节纳入供应链内部。中粮屯河为了保证原料质量和供应的稳定性，采取供应链的纵向协调战略，其番茄制品供应链包含从种子研发到最终销售的各个环节。公司番茄供应链的上游环节包括种植和原料生产。种植环节包括种子研发、育苗移栽、田间管理、机械化采收等活动。为了满足不同客户对番茄原料的个性化需求，公司与一些跨国公司和独立的科研机构保持紧密的科研合作，解决原料品质、农药残留和均衡供料等技术问题。在原料生产环节，公司为了保证原材料生产质量和供应的稳定性并购和租赁种植地。公司通过对种植地的控制不断扩大相连的原料耕地面积。公司控制的大规模的种植基地便于原料种植的统一科学化管理和机械化采收。公司供应链的下游环节是销售，中粮屯河与美国 Premier Foods、亨氏集团、瑞士 OBIPEKTIN 公司、联合利华等世界一流的食品企业建立战略联盟。通过这种方式，公司解决了对于公司发展最重要的两个问题——优良种子的获取和产品销售。也就是说，公司的有些战略伙伴既是其产品的忠诚客户，又是其种子的供应商。中粮屯河与那些世界顶尖的跨国公司的合作既能保证其稳定的销售渠道，又能使其掌握先进的生产技术。在与农户的合作方面，公司推行订单农业，以多种方式与农户紧密合作。首先与农户建立互利的合作关系，然后在种植和管理技术方面进行统一指导和管理。中粮屯河的高管在访谈中谈到：

食品市场的竞争其实是食品企业食品质量安全保证能力的较

量，食品质量安全的保证光靠企业内部供应链的管理无法实现，因为食品质量安全包含从原材料到最终产品的整个过程质量。我们采取各种措施控制和保证食品所包含的过程质量，比如我们的大部分原料来自自建基地。我们与农户以多种方式紧密合作，在种植管理技术方面进行统一指导和管理。在保证产品质量的同时与世界一流的跨国食品企业建立战略联盟，一方面保证稳定的产品销售渠道，另一方面能学习和掌握国际上先进的生产技术，保持竞争能力。

麦趣尔集团在供应链管理方面，对原料生产和供应商以及销售环节进行全程管控，实施品质负责制。加强了对"源头——运输——加工——出厂"的各个环节的管控，形成由下而上、由里至外的分工协作的供应链体系。麦趣尔集团的供应链上游环节包括养殖、选择牧场牛群、采奶、产品生产。在养殖环节，麦趣尔集团不涉及养殖业，主要通过选择牧场牛群、疾病防治、饲料供应、技术和信息等服务集中采奶、冻精冷配等手段保证收购的原料（鲜奶）的质量。在生产环节，在牛奶产品生产质量的把控上从严从紧，在生产研发、质量控制、环境监测、牛奶加工、运输冷藏、终端投放等一系列重要环节都建立了严格的质量标准和有效管理。麦趣尔集团供应链的下游环节，主要是产品销售，集团主要产品有"麦趣尔"乳制品系列、焙烤食品系列、冷冻饮品系列、速冻食品系列等400多个品种。为保证产品质量，保护其品牌，麦趣尔集团与农户紧密合作以及为农户提供服务，对33个综合服务站中的20个进行加强基础设施建设和服务队伍建设，使接受服务的奶农达到7000人，建成与奶产业发展相适应的协会技术服务体系。麦趣尔集团的高管在访谈中谈到：

为了保证产品质量我们已经形成了从源头——运输——加工——出厂的由下而上、由里至外的分工协作的供应链体系。虽然我们不涉及养殖业，但是，通过与奶农紧密合作，选择牧场牛群、疾病防治、饲料供应、技术和信息等服务，集中采奶、冻精冷配等手段保证收购的原料（鲜奶）的质量。集团建立25年以来一直保持稳定的产品质量和供应。

表 6-1 目标企业的供应链安全管理能力比较

供应链安全管理	中粮屯河	麦趣尔集团
内部供应链安全管理公司质量控制体系	公司的质量控制体系是依照国际标准 ISO/IEC17025 建立的	公司有专门的质检部门
公司通过的系统认证	ISO9001：2000 质量管理体系认证、HACCP 食品安全管理体系认证、ISO14001 环境管理体系认证，建立了农残追溯控制体系、GAP 体系、GMP 体系	ISO9001 质量管理体系、ISO14001 环境管理体系、ISO22000 食品安全管理体系认证
外部供应链安全管理	采取纵向协作的供应链管理方式	较松散的合作方式
原料环节自建基地	土地控制主要是通过兼并和租用的模式来获得大规模的种植基地	无
农户合作	与农户建立互利的合作关系，对农户进行统一管理	与农户紧密合作，为农户提供服务
销售	与具备世界顶级水平的食品企业通过战略联盟的方式合作，但这些合作伙伴并不是只有一种角色，有的企业既是种子供应商，同时又是番茄原料的忠实客户	自销：在新疆开设了28家"面包西饼"连锁店。通过批发商：产品销售覆盖新疆及北京、上海等城市

综上分析，本书从外部供应链和内部供应链安全管理能力方面对比了中粮屯河和麦趣尔集团的供应链安全管理能力。如表 6-1 所示，中粮屯河内部供应链安全管理能力很高，公司生产和管理完全标准化，公司通过了一系列高标准的生产质量安全认证。在

外部供应链安全管理方面，中粮屯河实现纵向协调合作，从原材料到最终产品销售的整条供应链都能够较好地进行协调和控制。麦趣尔集团内部供应链的安全管理能力较高，公司的生产和管理在一定程度上达到了标准化，也通过了环境、质量和安全方面的体系认证。在外部供应链的安全管理方面，对供应链上游——原材料的质量和供应的稳定性的控制能力较弱，因为麦趣尔没能与其供应商形成较紧密的合作关系。

6.2.2 食品质量安全信号

中粮屯河的产品质量被人们广为认可，产品通过了非转基因产品身份保持认证（IP）、犹太认证（KOSHER）、国家级绿色食品认证、BRC 国际食品技术标准认证等，并通过了对质量要求极为苛刻的亨氏、联合利华、卡夫、雀巢、玛氏、甘多菲等企业的认证。中粮屯河的高管在访谈中提到：

要想参与国际市场，你的产品必须通过该市场所认可的食品质量安全认证。有时我们为了满足我们的国际客户对食品质量的特殊要求，面临申请通过之前连听都没听说过的一些认证，尤其是与那些大型跨国公司合作，他们对产品质量的要求极为苛刻，要求产品必须通过他们所认可的质量认证。

麦趣尔集团采取品牌战略，乳制品系列、焙烤食品系列、冷冻饮品系列、速冻食品系列等 400 多个品种采用同一个品牌。麦趣尔系列月饼是集团焙烤系列产品中最具代表性的产品。2002—2014 年"麦趣尔"系列月饼连续九年被评为"国饼十佳"，是唯一入选"国饼十佳"的品牌。集团旗下的麦趣尔食品有限公司被评为"全国放心月饼金牌企业"。麦趣尔液体奶在 2005 年 8 月被评为"中国名牌"产品，集团旗下的乳业工厂主要生产销售 UHT 超高温瞬时灭菌奶，主要有纯牛奶、乳饮料、调味奶及酸奶系列产品，是新疆首家引进世界先进的瑞典利乐牛奶生产线的企业，并通过利乐枕、利乐砖等产品的生产、销售带动了整个新疆乳品行业生产链的发展和进步。麦趣尔面包、蛋糕和干点等系列产品，口感和质量一直保持着高水平，深受消费者喜爱，在市场竞争中处于领导地位。"麦趣尔"系列产品连续六年被消费者协会评为信得过产品，被中国食品工业协会列为全国的品牌。2005 年"麦趣尔"牌系列产品被评为"新疆名牌"。麦趣尔集团的这些成果不断提高其声誉，市场份额也不断提高，到 2014 年，其在新疆地区的市场份额为第一。麦趣尔集团的高管在访谈中说：

食品企业在国内市场生存以及发展主要靠其声誉，声誉的提高靠产品品牌的保护和提升，我们一方面采取一切措施保证产品质量和供应的稳定性，另一方面积极参与国内食品行业的各种产品质量调查、展销会和一些协会的产品质量调查等活动，以提升我们品牌的知名度。

表 6-2　目标企业的信号战略比较

质量安全信号	中粮屯河	麦趣尔集团
通过的食品质量安全认证	非转基因产品身份保持认证（IP）、犹太认证（KOSHER）、国家级绿色食品认证 BRC、国际食品技术标准认证等，并通过了对质量要求极为苛刻的亨氏、联合利华、卡夫、雀巢、玛氏、甘多菲等企业认证	
企业声誉产品品牌	因为是原料提供商，大部分产品采用下游合作企业的品牌	麦趣尔品牌为新疆名牌

质量安全信号	中粮屯河	麦趣尔集团
获奖情况		2002—2014 年"麦趣尔"系列月饼连续九年被评为"国饼十佳",集团旗下的麦趣尔食品有限公司被评为"全国放心月饼金牌企业","麦趣尔"系列产品连续六年被消费者协会评为信得过产品等

如表 6-2 所示,中粮屯河根据其能力(供应链安全管理和控制能力)和战略意图,产品质量安全认证作为传递其产品质量安全信号的主要手段。公司的外部供应链的控制和协调能力,使公司产品能够通过公司目标市场要求的认证。以这种方式向其目标市场传递其产品质量安全的信号。麦趣尔集团的主要目标市场是本地和国内市场,而且公司外部供应链的控制能力较弱,因此,其原料质量控制和供应安全方面主要依赖公司所在地区的资源优势。因此,公司以声誉作为传达其产品质量安全信号的主要手段,以多种产品统一品牌的品牌战略,打造公司声誉。2002—2014 年"麦趣尔"系列月饼连续九年被评为"国饼十佳";麦趣尔液体奶在 2005 年 8 月被评为"中国名牌"产品;2005 年"麦趣尔"牌系列产品被评为"新疆名牌"。

6.2.3 销售市场和销售绩效

中粮屯河大部分营业收入主要来自高端客户,而向部分批发商和终端消费者销售产品只是一种战略手段,目的是与终端消费需求对接,获得更多的合作伙伴,增强整个供应链的运作效率。另外,中粮屯河加强与高端客户的合作,通过对行业内部知识的学习和共享，提高自身的研发能力和管理能力；实施协调供应链方式，将番茄供应链中的各个环节纳入到供应链内部，提高种植、加工水平，从而降低管理成本和交易成本，提高企业的核心竞争力，并在国际贸易中占据较大的市场份额，如表 6-3 所示。中粮屯河的高管在访谈中介绍：

公司 90% 以上的番茄制品销售到国外市场，我们的主要市场分布于美国、俄罗斯、欧洲、东南亚等 80 多个国家和地区。我们在国内向部分批发商和终端消费者销售产品只是为了与终端消费需求对接，获得更多的合作伙伴，增强整个供应链的运作效率。

表 6-3　目标企业的主要市场和销售情况比较

销售情况	中粮屯河	麦趣尔
主要市场	美国、俄罗斯、欧洲、东南亚等 80 多个国家和地区	本地和国内市场
销售收入	2015 年，实现销售收入 1344902 万元；2016 年，实现销售收入 1581442 万元，2017 年实现销售收入 2210817 万元	2015 年，实现销售收入 62979 万元；2016 年实现销售收入 62998 万元，2017 年，实现销售收入 72482 万元

麦趣尔集团主要产品市场是本地和国内市场。麦趣尔靠其产品质量和品牌知名度占领了本地区和国内市场的相当份额。麦趣尔集团的高管在访谈中介绍：

我们主要以本地市场为目标市场，因此，为保持市场份额，我们努力提高产品质量，为市场提供优质、美味的食品。

上述两个典型的案例进一步验证了本项目研究模型中的假设关系，即内部和外部供应链安全管理能力高的企业能够以产品质量安全认证作为信号，以传递其产品质量安全信息来提高其财务绩效（中粮屯河）；通过内部供应链的安全管理，以确保产品质量的企业主要通过企业声誉来传递其产品质量安全信号，并实现提高财务绩效的目标（麦趣尔集团）。食品企业应该根据自身能力选择传递其目标市场所认可的产品质量安全信号，以占领市场。不同的能力决定了企业更适合用哪种信号传递其产品信息，而这种传递信号的行为又进一步提升了企业的财务绩效。

第7章

研究结论

7.1 本书研究结论

实证结果初步表明：供应链的安全管理（内部供应链的安全管理与外部供应链的安全管理）对食品企业声誉的提高具有重要影响，且声誉对企业在国内的财务绩效有正向影响；供应链的安全管理对企业获得食品质量安全认证有正向影响，且企业出口绩效与企业获得的食品质量安全认证有正向关系；声誉与食品企业出口绩效无关，企业获得的食品安全认证与国内财务绩效无关。以下我们以食品企业的声誉和食品质量安全认证的相关因素为主线，就实证结果、结果的前因、理论意义，尤其是管理和政策意义等方面进行讨论。

7.1.1 供应链安全管理与企业绩效

通过对供应链安全管理的文献综述，本书区分了供应链安全管理的两个维度：内部供应链安全管理和外部供应链安全管理。

（1）内部供应链安全管理与企业绩效。

组织内的供应链安全管理行为包括防御型和响应型的措施。防御型措施是供应链安全管理最常用的措施。供应链安全管理的内部防御措施包括产品安全和质量方面的制度，比如最低库存、产品的可追溯性、产品生产标准、运输标准、操作标准、作业环境的要求等（Closs 和 McGarrell，2004；Knight，2003；Rice 和 Spayd，2005；Hess 和 Wrobleski，1996）。

组织内实施供应链安全管理就离不开食品安全质量体系认证。有研究强调内部标准化对安全事件的响应以及恢复方面的重要性（Sheffi，2002）。质量体系认证能改善企业的安全控制能力以及提高企业的工作效率，从而提高企业的竞争优势（Abdelhakim Hammoudi、Ruben Hoffmann 和 Yves Surry，2009）。根据交易成本理论，安全质量认证体系可以节约交易成本，比如，能够节约协商和监督成本，节约买方寻找成本，通过标准化生产减少浪费等，从而能够提高整个供应链的绩效（Vijay R Kannan、Keah Choon Tan，2004）。这些观点与我们的验证结论是一致的，也就是说，内部供应链安全管理与企业在国内的财务绩效和出口绩效呈正相关关系。

（2）外部供应链安全管理与企业绩效。

大部分研究认为外部供应链的安全管理对企业绩效产生正向影响。但是，我们的验证结果显示，外部供应链安全管理与企业出口绩效呈正相关关系，而与企业在国内的销售绩效没有显著的正向关系。我们认为本假设未被验证的原因可能是供应链的类型导致了该结果，本书的样本企业是来自我国西部地区的小和微小食品企业，其供应链应该属于短供应链或地方型供应链，这种供应链的断裂风险相对于全球化或较长的供应链要小，因而外部供应链安全管理水平对绩效的影响不会太大。另外，国内市场或大部分消费者也不会太关注食品的可追溯性等与食品有关的问题，而更多地关注食品的外在质量和价格等可观测到的方面。

结论一：供应链安全管理对食品企业国内的销售绩效和出口绩效的影响机制可能有所区别。

7.1.2　供应链安全管理与产品质量信号

部分验证结果支持了我们的假设：供应链安全管理通过产品质量安全信号影响食品企业的财务绩效。但是，供应链安全管理对国内财务绩效和出口绩效的影响方式有所不同，更重要的结论是企业声誉和产品质量安全认证对国内和国外市场的信号作用完全不同。核心企业声誉对国内市场（或消费者）起到较强的信号作用，但是对国外市场不产生影响；而产品质量安全认证对国外市场能够起到较强的信号的作用，但是，对国内市场不产生影响。另外，供应链安全管理的两个方面——内部供应链的安全管理和外部供应链的安全管理对国内和出口绩效的影响也有所不同。内部供应链的安全管理对国内和出口绩效都产生影响，但外部供应链的安全管理只对出口绩效产生影响，而对国内绩效没有影响。从验证结果和以上分析我们得出，国内和国外市场对食品质量安全的界定和认知有所不同。下面，我们针对验证结果进行具体分析。

（1）供应链的安全管理与产品质量认证。

值的指出的是，食品质量安全认证对内部供应链安全管理与企业在国内的财务绩效的中介作用没被验证。现有的关于产品质量认证对食品企业绩效的影响结论并不一致。一部分研究表明食品质量安全认证与企业财务绩效呈正相关关系（Abdelhakim Hammoudi、Ruben Hoffmann 和 Yves Surry，2009；Segerson，1999；Lutz 等，2000；Dickinson 和 Bailey，2002；Roosen，2003；Caswell 等，1998；Roosen，2003）。然而，仍有一些研究对食品质量安全对企业绩效的正向作用提出质疑（Grunert，2005；Giraud-He raud 等，2009）。他们认为消费者为"安全食品"愿意支付的潜在的溢价促使食品企业认证其产品，并且也愿意为消费者提供相关信息。在信息不完整的条件下，产品质量是区分产品而获得竞争优势的重要因素之一，而产品质量安全认证是给消费者传达产品相关信息的一种信号。当供应链向最终市场提供安全食品以失败而告终，消费者对感知的风险而不是客观风险做出反应时，传达食品质量安全的正确信号尤为重要。因此，正确评估消费者为感知的风险愿意支付的溢价是食品企业选择某种特定标准或认证面临的挑战。另外，食品质量安全认证尽管向市场传递与产品相关的积极信号，但是，也需要一定的成本。出现这种研究差异，一是因为不同市场对食品质量安全的认知可能有一定的区别，不同市场对第三方认证的信任等方面存在一定的差异。

另外，与我们的预期假设不一致，对于食品质量认证，企业获得的食品质量安全认证与企业在国内的销售绩效之间没有显著的正向影响关系；进而食品质量安全认证没有成为内部供应链安全管理影响食品企业在国内的销售绩效的中介机制。我们认为该假设未被验证的原因可能是消费者对第三方食品质量安全认证机构的不信任，可能认为企业只要花钱就能获得食品安全质量认证。

（2）供应链的安全管理与核心企业声誉。

与我们的预期假设不一致，企业声誉与企业出口绩效之间没有显著的正向影响关系；企业声誉没有成为内部供应链安全管理影响食品企业出口绩效的中介机制。我们认为该假设未被验证的原因可能是国外市场不会把企业声誉这样的软指标作为选择食品的标准，他们可能更多地把一些硬指标作为选择食品的标准。

结论二：在供应链的安全管理与食品企业在国内的销售绩效的关系中企业声誉作为中介机制，而在供应链的安全管理与食品企业出口绩效的关系中食品质量安全认证作为中介机制。

7.2　理论贡献

本书阐述了食品质量安全认证与企业声誉在食品企业国内销售绩效、出口绩效之间发挥的中介作用。结合交易成本理论、资源观和信号理论，我们提出了 20 个假设，其中 8 个假设未被验证，其余全部被验证。本书的结论对于深入和拓展供应链管理理论、战略管理理论和信号理论的研究具有重要意义，这些理论贡献也是本文的创新点所在。

第一，从核心企业的视角识别了内部供应链安全管理和外部供应链安全管理两个维度，拓展了供应链安全管理的理论框架并提供了实证支持。

关于食品企业绩效驱动因素的研究中提到的战略要素多局限于供应链协调或供应链的某个方面，比如可追溯性。而在供应链管理中，食品企业一方面要通过与其上下游企业的协调共同保证其产品的质量安全，另一方面重要整合其内部职能，通过生产过程的标准化保证食品安全。具体讲，供应链安全管理是影响食品企业绩效的重要因素。供应链的安全管理是保证食品质量安全，从而保证企业绩效的主要手段，它应该包含企业内部和外部的与产品安全相关的所有方面，但是，很少有研究把食品企业绩效与供应链内部和外部供应链的安全管理联系到一起。而本书在把供应链安全管理的两个维度包含在研究模型的同时，把企业质量安全体系认证作为内部供应链安全管理的主要维度，提升了其直观性。另外，在对食品企业绩效的研究中，很少有人从国内和出口两个角度分开研究其影响因素，本书通过分开分析验证这两个绩效指标，发现供应链安全管理的两个维度对国内销售绩效和出口绩效产生不同影响。这有利于我们从核心企业的视角，更全面地理解供应链的安全管理对绩效的作用路径和局限性，拓展了食品企业绩效的影响因素研究框架，并进一步提供了实证支持。

第二，从核心企业的视角研究食品质量安全认证和声誉两种信号战略，阐述并检验了食品质量安全认证和企业声誉对食品企业国内销售绩效和出口绩效的影响的中介作用，为能力、信号、绩效的理论分析框架提供了进一步实证支持。发现食品质量安全认证和声誉两种信号在不同的情景下其信号作用有所不同。具体讲，食品质量安全认证对国外市场的信号作用强于国内市场，而企业声誉对国内市场的信号作用强于国外市场。这有利于我们从不同的情景出发，选择适合于环境的信号，传达正确的产品信号，并提供了实证支持。根据信号理论，信号的三个要素是信号传递者、信号本身和信号接受者；而有效信号的两大特征是信号的可观察性和信号成本。本书验证结果表明，有效信号还应该具有另一个特征，即信号的适用性。

第三，本书结合了资源基础观和信号理论来分析并验证了声誉的价值和信号作用，其结论将有助于战略管理理论的内涵丰富化和理论间的借鉴融合。Rindova 等（2005）认为声誉对组织价值的 RBV 和信号理论有不同的研究视角，但是，我们认为声誉对组织价值的 RBV 视角与信号理论视角在解释声誉对企业绩效的作用时是互补的。食品质量属性包含的信息不对称性，致使食品企业寻找一种有价值的有效信号来传达其食品质量所包含的信任属性和经验属性。声誉作为食品企业传达其产品质量信号的有效性在于其价值。声誉之所以能够起到信号的作用，是因为根据 RBV 理论，声誉是组织的一种无形资产，是有价值的、稀缺的、不可模仿或不可替代的，所以，它能够为组织创造价值。而声誉能够向组织外部传递组织的相关信息。根据信号理论，信号的价值取决于它所传递的信息对信息接受者的价值。当组织内部和外部之间信息不对称越严重，而且信号接受者认为组织传递的信号能够正确传递组织的相关信息时，这种信号的价值就会越高。

综上分析，食品质量的信任属性和经验属性所包含的信息不对称，可以通过企业声誉得以缓解，食品企业的声誉越好，消费者认为其传递的相关食品质量安全的信号越可信，声誉体现的价值越高。根据信号理论，信号的一个重要特征是其高成本，不同组织对信号成本的消耗能力不同，企业声誉越高，作为信号，其作用也就越大。然而，具有高声誉资本的企业，当声誉传达的信号与其真实信号不符时，企业承担的成本也就会很高。因为食品企业产品的特殊属性，相对于其他行业的企业，其声誉价值可能更高，因此，食品企业发生食品质量安全事件或消费者发现其欺骗行为时，该企业不仅受到严重的信任危机，还要对其消费者造

成的伤害负责，从而声誉作为信号消耗的成本也就会很高。结合
RBV 和信号理论解释声誉对食品企业绩效的影响更加具有说服力：
声誉对组织有价值，因此，能够起到信号作用；声誉能够起到信
号作用，因此，它为组织创造价值。这一发现也是本书重要的理
论创新之一。

7.3 实践启示

本书所探讨的问题对食品企业的管理实践也有重要的借鉴意
义，具体体现在以下几个方面。

7.3.1 培育企业的供应链安全管理能力

食品企业通过这种能力保证其产品质量安全，而食品企业的
产品质量安全的保证能力是其竞争能力的主要来源。因此，供应
链安全管理能力对于食品企业绩效的提高起到重要作用。企业应
该根据自身的资源基础，培育供应链的安全管理能力。供应链安
全管理能力是独到的、不可模仿和复制的，它可以保证食品企业
能够生产高质量、安全的食品。本书识别了供应链安全管理的两
个维度：内部供应链安全管理与外部供应链安全管理。食品质量
安全不仅包含最终产品的感知质量，而且包含食品原材料以及食
品生产的整个过程质量，因而对于食品企业来说，其供应链安全
管理能力尤为重要。企业内部供应链的安全管理能力越高，其对
产品质量的控制能力就越高。另外，供应链管理的复杂性、依赖
性和供应链伙伴关系对信任和承诺的依赖性使供应链需要安全管
理。尽管企业在组织内部能够实施供应链安全管理措施，但这些

措施无法保证供应链其他环节的安全，从而企业需要组织外部的供应链参与者的供应链安全管理。

供应链安全管理能力的培育更多依靠经验、知识与技能等资源的积累，其关注的是食品生产的整条供应链参与者的安全管理行为。这可以促使食品企业超越企业利益的局限，更多地从供应链战略的角度考虑问题，从而与供应链参与者的目标一致，通过资源和能力的最大程度的发挥和利用保证食品安全，并且提高所有供应链参与企业的绩效。在当今高度重视食品安全的市场环境下，具有有限供应链安全管理能力的企业不能进一步提高食品的质量和安全，无法满足市场对高质量、安全产品的需求，就会失去其生存能力；而供应链安全管理能力强的企业，通过保证食品的质量和安全，在提高其绩效的同时，也能利用国外市场的机会来创造新的生存环境。从本质上分析，企业供应链安全管理能力是一种整合能力，强调以整合性能力控制产品质量安全，强调以整合能力突破企业边界，不仅保证产品的感知质量，也要保证其产品的过程质量。我们通过实证发现，内部供应链安全管理与企业在国内的绩效呈显著正相关关系，但是，外部供应链的安全管理与国内销售绩效并未呈显著相关关系；而出口绩效与内部和外部供应链的安全管理——供应链安全管理的两个维度都呈显著的正相关关系。因此，我们认为地方型供应链安全管理应该侧重于内部供应链的安全管理，而国际化的供应链安全管理不仅要重视内部供应链的安全管理，更应该关注外部供应链的安全管理。

7.3.2 基于供应链管理建立综合性的信号战略

加入 WTO 以来，我国农产食品日益面向国际市场，农产食品领域的对外开放有了实质性的进展，逐步实现了从封闭式农产食品向开放型农产食品的转变。具体表现为：2001—2010 年，我国农产品贸易额从 279 亿美元增加到 1219.6 亿美元，年均增速高达 33.7%。对于食品企业而言，了解和开拓国际市场是其生存之道。

消费者不可能得知大部分农产食品的质量情况，或者说，不能获取产品特征的准确信息。Akerlof（1970）等经济学家研究指出，当价格作为产品质量的唯一信息时，很容易出现经验品和信任品的逆向选择问题。质量信号的使用可能缓解逆向选择问题。通过传递质量信号等方式完善消费者所获取的信息，能够提高部分市场效率（Emmanuel Raynaud、LoicSauvee 和 EgizioValceschini，2002）。解决由这种信息不对称而带来的问题的途径是给客户传达与产品质量相关的信号（Emmanuel Raynaud、Loic Sauvee 和 Egizio Valceschini，2005）。在本书中，我们提出了核心企业声誉以及产品质量认证两种信号战略。我们通过实证发现，不同的信号战略对于市场的信号作用有所不同，对于国内市场，食品企业的声誉可以起到较强的信号作用，而对于国际市场，声誉没能起到较显著的信号作用。食品质量安全认证对于国外市场能够起到很强的信号作用，而对国内市场，产品质量安全认证起不到这种作用。因而食品企业首先要根据自身能力选择目标市场，然后再根据所选择的目标市场选择适合于市场的信号战略传达其产品的正确信号。

食品，是国计民生之本。本书所提出的假设模型可以为食品企业提供直观的指导作用，对于食品企业来说，除了通过内部各职能部门的协调来保证产品的质量安全，也应当借助上下游之间的协同效应来提高食品的质量，在每个环节都做好保障工作，从而提高整个食品供应链的产品质量。另外，食品企业在保证食品质量安全的同时，为市场传达相关其产品的正确信号的方式也很重要，食品企业应该根据其市场选择适合于该市场的信号战略。

7.4 研究的不足与展望

尽管本书对供应链安全管理、产品质量安全信号等相关领域的研究进行了拓展和探索，但无论在方法上还是在理论上仍存在一些不足之处，这些方面也应该成为未来研究进一步努力的方向。

7.4.1 数据来源的局限性

首先，本书的数据只取了一定地区和范围的企业，这可能使理论对于实践的指导性减弱。在今后的研究中，应当增加数据的时间跨度和取样范围，将各种获取数据的方式综合使用，得到信效度更高的数据样本。其次，在变量替代方面，因为二手数据变量的替代指标处于中心性重要地位，但并不能概括全部的变量特性，进一步的研究可以选取更全面的样本数据，以更精确地替代研究变量。中国常常作为转型经济的代表，但是，需要在今后的研究中将研究结果扩大到更多的国家和地区，以检验结论的普适性。

7.4.2 模型设计方面的局限性

在理论模型中，我们基本上采用企业能力导致企业行为（供应链安全管理能力决定食品质量安全，而声誉和认证是传达这种能力的信号战略行为），而行为决定企业绩效的基本逻辑，即企业能力——战略行为——绩效框架。尽管我们选用了若干个重要的控制变量,但是,我们只考虑了供应链安全管理的两个维度,虽然这两个维度基本包含了供应链安全管理的重要方面,但并不能概括供应链安全管理的所有方面。进一步的研究可以选用其他供应链安全要素对企业绩效的影响。还有,本书只考虑了企业声誉和食品质量安全认证的中介作用,将来研究可以把其他一些变量整合到模型中,如制度环境、政府支持等。因为对于食品企业而言,食品质量安全标准和政府扶持性的政策等都起到非常重要的作用。因此,在今后的研究中,可以选取食品供应链特有的前因变量进行主成分分析研究,看看影响食品供应链的主要因素究竟是什么,也可以将已有的供应链模型与食品供应链进行对比,看看把现有的供应链理论放到食品供应链情境下是否适用。还可以研究食品供应链的政府支持的调节机制,帮助了解食品供应链的特点。

具体来讲,未来可以进行如下的研究。

食品供应链的前因研究:主效应分析和探索性因子分析。

食品供应链的机制研究:中介效应和调节效应,路径分析。

7.4.3 结论存在局限性

本书关注的是食品供应链的上游,结论上存在一定的局限性,未来的研究可拓宽到整条食品供应链。

本书主要是从核心企业的视角,研究其外部和内部供应链对绩效影响的中介机制,其中外部供应链只指供应商,其实外部供应链还可以包括核心企业的下游,如零售商、消费者等,因此,今后可以研究整条供应链的安全管理对食品企业绩效的影响。

参考文献

［1］ 张东送，庞广昌，陈庆森. 国内外有机农业和有机食品的发展现状及前景［J］. 食品科技，2003, 24(8): 188-191.

［2］ 李路. 绿色食品供应链浅析［J］. 经营管理者，2012(15): 19.

［3］ 柏振忠，王红玲. 对食品安全的再认识［J］. 湖北大学学报：哲学社会科学版，2004, 31(z): 74-177.

［4］ 张敏. 绿色食品供应链浅析［J］. 商场现代化，2006(11): 139-140.

［5］ 李洁. 食品绿色供应链管理初探［J］. 商品与质量，2012(1): 41.

［6］ 杜红梅. 加工企业与下游零售商定价决策模型——以绿色食品供应链为例. 物流技术 2009, 28(11): 148-150.

［7］ 热比亚·吐尔逊，宋华，于亢亢. 供应链安全管理、食品认证和绩效的关系［J］. 管理科学，2016, 29(4): 59-69.

［8］ 热比亚·吐尔逊，宋华. 供应链安全管理能力对食品企业绩效的影响研究：两种信号的中介作用比较［J］. 新疆社会科学，2015, 197(4): 32-37.

［9］ 周荣征，严余松，张焱，何迪. 绿色农产品封闭供应链构建研究［J］. 科技进步与对策，2009, 26(22): 28-30.

［10］ 杜红梅，彭曦. 绿色食品供应链下游主体和谐合作的条件［J］. 湖南农业大学学报，2008(5): 54-56.

［11］ 黄福华，周敏. 封闭供应链环境的绿色农产品共同物流模式研究［J］. 管理世界，2009(10): 172-173.

［12］ 但斌，刘飞. 绿色供应链及其体系结构研究［J］. 中国机械工程，2000, (11): 1232-1234.

［13］ 王能民. 绿色供应链管理［M］. 北京：清华大学出版社，2005.

［14］ 桑乃泉. 食品产业纵向联合、供给链管理与国际竞争力［J］. 中国农村经济, 2001（12）: 42-48.

［15］ 曹玲, 于淑娟, 高温宏. 有机农业和有机食品的发展现状及前景［J］. 食品科技, 2002（9）: 2-4.

［16］ 葛冬冬, 李海军, 王文华. 基于供应链管理的中日食品安全法律保障制度比较［J］. 中国流通经济, 2013, 27(11): 122-126.

［17］ 王中亮, 朱亚兵. 食品供应链安全管理的问题及途径［J］. 商业经济. 2014, 20(10): 11-14.

［18］ 张煜, 汪寿阳. 食品供应链质量安全管理模式研究——三鹿奶粉事件案例分析［J］. 管理评论, 2010, 22(10): 67-74.

［19］ 慕静, 贾文欣. 食品供应链安全等级可拓评价模型及应用［J］. 科技管理研究, 2015, 35(1): 207-211.

［20］ 代文彬, 慕静, 马永军. 基于供应链视域的我国食品安全保障模式研究［J］. 商业研究, 2014, 56(6): 104-112.

［21］ 晚春东, 宋威, 索君莉. 供应链视角下食品质量安全风险的 ISM 技术解析［J］. 科技管理研究, 2015, (20): 203-207.

［22］ 李永飞, 苏秦, 郑婧. 考虑质量改进的双渠道供应链协调研究［J］. 软科学, 2015(7): 35-39.

［23］ 秦江萍. 内部控制水平对食品安全保障的影响——基于食品供应链核心企业的经验证据［J］. 中国流通经济, 2014, (12): 60-67.

［24］ 代文彬, 慕静, 马永军. 透明食品供应链的提出与阐释新兴供应链业态［J］. 商业时代, 2014, (19): 19-20.

［25］ 张春勋, 刘伟, 李录青. 食品供应链中企业与农户短期合作交易契约设计［J］. 管理学报, 2010, 7(2): 243-247.

［26］ 刘涛, 李帮义, 公彦德. 商务信用下的供应链协调策略及其测度［J］. 系统工程理论与实践, 2010, 30(8): 1345-1354.

［27］ 刘永胜. 食品供应链风险相关概念辨析［J］. 经济问题, 2014, (8): 12-15.

［28］ 陈瑞义，石恋，刘建. 食品供应链安全质量管理与激励机制研究——基于结构、信息与关系质量. 东南大学学报（哲学社会科学版）［J］. 2013, 15(4): 34-40.

［29］ 胡凯，马士华. 具有众多小型供应商的品牌供应链中的食品安全问题研究［J］. 系统科学与数学, 2013, 33(8): 892-904.

［30］ 陈秉恒，钟涨宝. 基于物联网的农产品供应链安全监管问题研究［J］. 华中农业大学学报：社会科学版, 2013, (4): 49-55.

［31］ 王殿华，翟璐怡. 全球化背景下食品供应链管理研究——美国全球供应链的运作及对中国的启示［J］. 苏州大学学报：哲学社会科学版, 2013, 34(2): 109-114.

［32］ 葛冬冬，李海军，王文华. 基于供应链管理的中日食品安全法律保障制度比较［J］. 中国流通经济, 2013, 27(11): 122-126.

［33］ 王中亮，朱亚兵. 食品供应链安全管理的问题及途径［J］. 商业经济, 2014, 20(10): 11-14.

［34］ 张煜，汪寿阳. 食品供应链质量安全管理模式研究——三鹿奶粉事件案例分析［J］. 管理评论, 2010, 22(10): 67-74.

［35］ 慕静，贾文欣. 食品供应链安全等级可拓评价模型及应用［J］. 科技管理研究, 2015, 35(1): 207-211.

［36］ 代文彬，慕静，马永军. 基于供应链视域的我国食品安全保障模式研究［J］. 商业研究, 2014, 56(6): 104-112.

［37］ 晚春东，宋威，索君莉. 供应链视角下食品质量安全风险的 ISM 技术解析［J］. 科技管理研究, 2015, (20): 203-207.

［38］ 李永飞，苏秦，郑婧. 考虑质量改进的双渠道供应链协调研究［J］. 软科学, 2015(7): 35-39.

［39］ 秦江萍. 内部控制水平对食品安全保障的影响——基于食品供应链核心企业的经验证据［J］. 中国流通经济, 2014, (12)：60-67.

［40］ 代文彬，慕静，马永军. 透明食品供应链的提出与阐释新兴供应链业态

〔J〕. 商业时代, 2014, (19): 19-20.

〔41〕 张春勋, 刘伟, 李录青. 食品供应链中企业与农户短期合作交易契约设计〔J〕. 管理学报, 2010, 7(2): 243-247.

〔42〕 刘涛, 李帮义, 公彦德. 商务信用下的供应链协调策略及其测度〔J〕. 系统工程理论与实践, 2010, 30(8): 1345-1354.

〔43〕 刘永胜. 食品供应链风险相关概念辨析〔J〕. 经济问题, 2014, (8): 12-15.

〔44〕 陈瑞义, 石恋, 刘建. 食品供应链安全质量管理与激励机制研究——基于结构、信息与关系质量〔J〕. 东南大学学报（哲学社会科学版）, 2013, 15(4): 34-40.

〔45〕 胡凯, 马士华. 具有众多小型供应商的品牌供应链中的食品安全问题研究〔J〕. 系统科学与数学, 2013, 33(8): 892-904.

〔46〕 陈秉恒, 钟涨宝. 基于物联网的农产品供应链安全监管问题研究〔J〕. 华中农业大学学报: 社会科学版, 2013, (4): 49-55.

〔47〕 王殿华, 翟璐怡. 全球化背景下食品供应链管理研究——美国全球供应链的运作及对中国的启示〔J〕. 苏州大学学报: 哲学社会科学版, 2013, 34(2): 109-114.

〔48〕 Ahumada O, Villalobos J R. Application of Planning Models in the Agri-food Supply Chain: A Review〔J〕. European Journal of Operational Research, 2009, 196(1): 1-20.

〔49〕 Akerlof, George A. The Market for "Lemons": Quality Uncertainty and the Market Mechanism〔J〕. Quarterly Journal of Economics1970, 84(3): 488-500.

〔50〕 Akkerman R, FarahaniP, GrunowM. Quality, Safety and Sustainability In Food Distribution〔J〕. A Review of Quantitative Operations Management Approaches and Challenges. OR Spectrum, 2010 (32): 863-904.

〔51〕 Akkerman R, van Donk DP. Product Prioritisation in ATwo-stage Food Production System with Intermediate Storage〔J〕. International Journal of

Production Economics, 2007, 108 (1-2): 43-53.

[52] Alfaro JA, Rábade LA. Traceability as a Strategic Tool to Improve Inventory Management: A Case Study in the Food Industry [J]. International Journal of Production Economics, 2009(118): 104–110.

[53] Ann Marucheck, Noel Greis, Carlos Mena , et al. Product Safety and Security in the Global Supply Chain: Issues, Challenges and Research Opportunities [J]. Journal of Operations Management , 2011(29): 707-720.

[54] Anders S, and J Caswell. Standards as Barriers Vs. Standards as Catalysts: Assessing the Impact of HACCP Implementation on US Seafood Imports [J]. American Journal of Agricultural Economics, 2009, 91(2): 310-321.

[55] Andrew Fearne, Susan Hornibrook, Sandra Dedman. The Management of Perceived Risk in the Food Supply Chain; A Comparative Study of Retailer-led Beef Quality Assurance Schemes in Germany and Italy [J]. International Food and Agribusiness Management Review, 2001(4): 19-36.

[56] Arend R J. Reputation for Cooperation: Contingent Benefits in Alliance Activity [J]. Strategic Management Journal, 2009(30): 371-385.

[57] Aron R, Bandyopadhyay S, Jayanty S, et al. Monitoring Process Quality in Off-shore Outsourcing: AModel and Findings From Multicountry Survey [J]. Journal of Operations Management, 2008(26): 303-321.

[58] Aruoma OI. The Impact of Food Regulation on the Food Supply Chain [J]. Nutraceu-ticals and Functional Foods Regulations in the United States and Around theWorld, 2006(221): 119-127.

[59] Arthurs J D, Busenitz L W, Hoskisson R E, et al. Signaling and Initial Public Offerings: The Use and Impact of the Lockup Period [J]. Journal of Business Venturing, 2008(24): 360-372.

[60] Augsburg J K. The Benefits of Animal Identification for Food Safety [J]. Journal of Animal Science, 1990, 75(8): 1007-1009.

[61] Autry C W and Bobbitt L M. Supply Chain Security Orientation: Conceptual Development and A Proposed Framework [J]. International Journal of Physical Distribution& Logistics Management, 2008, 19(1): 42-64.

[62] Balboa M, & Marti J.Factors that Aetermine the Reputation of Private Equity Managers in Developing Markets [J]. Journal of Business Venturing, 2007(22): 453-480.

[63] Banomyong R. The Impact of Port and Trade Security Initiatives on Maritime Supply Chain Management [J]. Maritime Policy and Management, 2005, 32(1): 3-13.

[64] Barrett H, Ilbery B, Browne A, et al. Globalization and the Changing Networks of Food Supply: the Importation of Fresh Horticultural Produce from Kenya into the UK [J]. Transactions of the Institute of British Geographers, 1999(24): 159-174.

[65] Barry J. Supply Chain Risk in an Uncertain Global Supply Chain Environment [J]. International Journal of Physical Distribution & Logistics Management, 2004, 34(9): 695-700.

[66] Basdeo D K, Smith K G, Grimm C M, et al. The Impact of Market Actions on Firm Reputation [J]. Strategic Management Journal, 2006(27): 1205-1219.

[67] Basuroy S, Desai K K, & Talukdar D. An Empirical Investigation of Signaling in the Motion Picture Industry [J]. Journal of Marketing Research, 2006(43): 287-295.

[68] Bhattacharya U, & Dittmar A. Costless Versus Costly Signaling: Theory and Evidence from Share Purchases [M]. Bloomington: IndianaUniversity, 2001.

[69] Bird R B, & Smith E A. Signaling Theory, Strategic Interaction, and

Symbolic Capital [J]. Current An Thropology, 2005(46): 221-248.

[70]   Branzei O, Ursacki-Bryant T J, Vertinsky I, et al. The Formation of Green Strategies in Chinese Firms: Matching Corporate Environmental Responses and Individual Principles [J]. Strategic Management Journal, 2004(25): 1075-1095.

[71]   Busenitz L W, Fiet J O, &Moesel D D. Signaling in Venture Capitalist-new Venture Team Funding Decisions: Does it Indicate Long-term Venture Outcomes? [J] Entrepreneurship Theory and Practice, 2005(29): 1-12.

[72]   Buzby J C, and P D Frenzen. Food Safety and Product Liability [J]. Food Policy, 1999(24): 637-651.

[73]   Bendoly E, Croson R, Goncalves P, et al. Bodies of Knowledge for Research in Behavioral Operations [J]. Production and Operations Management, 2010(19): 434-452.

[74]   B Gail Smith. Developing Sustainable Food Supply Chains. [J]. Phil Trans. R. Soc. B, 2008(363): 849-861.

[75]   Bogataj M, Bogataj L, Vodopivec R. Stability of Perishable Goods in Cold logistic Chains [J]. International Journal of Production Economics, 2005(93–94): 345-356.

[76]   BowlerI. Developing Sustainable Agriculture. Geography, 2002(87): 205-212.

[77]   Barney J B. Strategic Factor Markets: Expectations, Luck and Business Strategy [J]. Management Science, 1986 (31): 1231-1241.

[78]   Barney JB. Firm Resources and Sustained Competitive Advantage [J]. Jourrnal of Management, 1991(17): 99- 120.

[79]   B Gail Smith H. Developing Sustainable Food Supply Chains [J]. The Royal Society, 2007 (2008): 363.

[80]   Blackburn J, Scudder G. Supply Chain Strategies for Perishable Products:

the Case of Fresh Produce [J]. Production and Operations Management, 2009, 18(2): 129-137.

[81]　Black S A, Porter L J. Identification of the Critical Factors of TQM [J]. Decision Sciences, 1996, 27(1): 1-22.

[82]　Boyd B K, Bergh DD, &Ketchen D J. Reconsidering the Reputation-Performance Relationship: a Resource-based View [J]. Journal of Management, 2010(36): 588-609.

[83]　Bradford M. Keeping Risks from Breaking Organizations' Supply Chains: Complex Exposure to Suppliers [J]. Keeping Chain Intact Suppliers: Fewer Vendors is Better, Business Insurance, 2003, 37(31): 9.

[84]　Brau J C, N K Sutton, N W Hatch. Dual-track Versus Single-track Sellouts: An Empirical Analysis of Competing Harvest Strategies [J]. Bus. Venturing, 2010, 25(4) : 389-402.

[85]　Brian Ilbery, Damian Maye.Food Supply Chains and Sustainability: Evidence from Specialist Food Producers in the Scottish/English Borders [J]. Land Use Policy, 2005(22): 331-344.

[86]　Bruno Notarnicola , Kiyotada Hayashi, Mary Ann Curran, et al. Progress in Working Towards a More Sustainable Agri-food Industry [J]. Journal of Cleaner Production, 2012(28): 1-8.

[87]　Burke R J. International Terrorism and Threats to Security: Implications for Organizations and Management [J]. Disaster Prevention and Management, 2005, 14(5): 639-643.

[88]　Burns D. ISO 9000 Standards. The System for Managing Quality [J]. Food in Canada, 1995(6): 12-19.

[89]　Cai X, Chen J, Xiao Y, et al. Optimization and Coordination of Fresh Product Supply Chains with Freshness-keeping Effort [J]. Production and Operations Management , 2010, 19 (3): 261-278.

［90］ Capmany C, Hooker NH, Ozuna T, et al. ISO 9000-a Marketing Tool for US Agribusiness ［ J ］. International Food and Agribusiness Management Review, 2000(3): 41-53.

［91］ Carr A S, and Pearson J N. The Impact of Purchasing and Supplier Involvement On Strategic Purchasing and Its Impact on Firm's Performance ［ J ］. International Journal of Operations& Production Management, 2002, 22(9): 1032-1053.

［92］ Carter CR and Rogers DS. A Framework of Sustainable Supply Chain Management: Moving Towards New Theory ［ J ］. International Journal of Physical Distribution &Logistics Management, 2008, 38(5): 360-387.

［93］ Chen I J and Paulraj A. Toward a Theory of Supply Chain Management: the Constructs and Measurements ［ J ］. Journal of Operations Management, 2004, 22 (2): 119-150.

［94］ Cheri Speiera, Judith M Whippleb, David J Clossc, et al. Global Supply Chain Design Considerations: Mitigating Product Safety and Security Risks ［ J ］. Journal of Operations Management , 2011, 29 (2011): 721-736.

［95］ Cha VD. Globalization and the Study of International Security ［ J ］. Journal of Peace Research, 2000, 37(3): 391-403.

［96］ Chen Y, Ganesan S, Liu Y. Does a Firm's Product-recall Strategy Affect Its Financial Value?An Examination of Strategic Alternatives During Product-harm Crises ［ J ］. Journal of Marketing , 2009, 73 (11): 214–226.

［97］ Chopra S, Sodhi M S. Managing Risk to Avoid Supply-chain Breakdown ［ J ］. Sloan Management Review, 2004, 46 (1): 53–61.

［98］ Christopher M and Peck H. Building the Resilient Supply Chain ［ J ］. International Journal of Logistics Management, 2004, 15(2): 1-14.

［99］ Christopher M, Peck H and Towill D. A Taxonomy for Selecting Global Supply Chain Strategies ［ J ］. International Journal of Logistics Management,

2006, 17(2) 277-287.

[100] Clark B H, & Montgomery D B. Deterrence, Reputations, and Competitive Cognition [J]. Management Science, 1998(44): 62-82.

[101] Closs D J, Speier C, Whipple J, et al. A Framework for Protecting Your Supply Chain [J]. Supply Chain Management Review, 2008, 12(2): 38-45.

[102] Cook T A. A New Security Mandate: Government Initiatives are Forcing Supply Chain Professionals to Develop New Skills [J]. Upply Chain Management Review, 2003(5): 11-12.

[103] Corbett C J, Montes-Sancho MJ, Kirsch D A. The Financial Impact of ISO 9000 Certification in the United States: An Empirical Analysis [J]. Management Science , 2005(51): 1046-1059.

[104] Craighead CW, Blackhurs J, Rungtusanatham MJ, et al. The Severity of Supply Chain Disruptions: Design Characteristics and Mitigation Capabilities [J]. Decision Sciences, 2007, 38(1): 131-156.

[105] Creaser W. Prevention Through Design (PtD): Safe Design from An Australian Perspective [J]. Journal of Safety Research, 2008(39): 131-134.

[106] Creedle E. Bon Appetit: Food Tecalls and Illness Reinforce A Need for Better Risk Management [J]. Risk Management, 2007(54): 40-44.

[107] Certo S T. Influencing Initial Public Offering Investors with Prestige: Signaling with Board Structures [J]. Academy of Management Review, 2003(28): 432-446.

[108] Certo S T, Daily C M, &Dalton D R. Signaling Firm Value Through Board Structure: An Investigation of Initial Public Offerings [J]. Entrepreneurship Theory and Practice, 2001, 26(2): 33-50.

[109] Ching-Chiao Yang and Hsiao-Hsuan Wei. The Effect of Supply Chain Security Management on Security Performance In Container Shipping Operations [J].

Supply Chain Management: An International Journal, 2013, 18(1): 74-85.

［110］ Craig R Carter and Dale S Rogers. A framework of Sustainable Supply Chain Management: Moving Toward New Theory ［ J ］. International Journal of Physical Distribution& Logistics Management, 2008, 38(5): 360-387.

［111］ Chad W Autry M, J Neeley, L Michelle Bobbitt. Supply Chain Security Orientation: Conceptual Development and A Proposed Framework ［ J ］. The International Journal of Logistics Management, 2008, 19(1): 42-64.

［112］ Christine Oliver. Sustainable Competitive Advantage: Combining Institutional and Resource-Based Views ［ J ］. Strategic Management Journal, 1997, 18(9): 697-713.

［113］ Cohen B D, & Dean T J. Information Asymmetry and Investor Valuation of IPOs: Top Management Team Legitimacy as A Capital Market Signal ［ J ］. Strategic Management Journal, 2005(26): 683-690.

［114］ Cone C, Myhre A. Community Supported Agriculture: A Sustainable Alternative to Industrial Agriculture ［ J ］. Human Organisa-tion , 2000(59): 187-197.

［115］ Copacino W C. Seven Supply-chain Principles ［ J ］. C, 1996, 35(1): 60.

［116］ Dani S, Deep A. Fragile Food Supply Chains: Reacting to Risks ［ J ］. International Journal of Logistics: Research & Applications , 2010(13): 395-410.

［117］ D'Avanzo R, von Lewinski H and van Wassenhove L N. The Link Between Supply Chain and Financial Performance ［ J ］. Supply Chain Management Review, 2003, 7(6): 40-47.

［118］ Deephouse D L. Media Reputation as A Strategic Resource: An Integration of Mass Communication and Resource-based Theories ［ J ］. Journal of Management, 2000(26): 1091-1112.

[119] De la Garza C, Fadier E. Towards Proactive Safety in Design: A Comparison of Safety Integration Approaches in Two Design Processes [J]. International Journal of Cognition Technology and Work, 2005(7): 51-62.

[120] De Man R and Burns TR. Sustainability: Supply Chains, Partners Linkages and Newforms of Self-regulations [J]. Human Systems Management, 2006(25): 1-12.

[121] De Koster M B M, Balk B M, Van Nus W T I. On Using DEA for Bench-marking Container Terminals [J]. International Journal of Operations and Production Man-agement , 2009(29): 1140-1155.

[122] Dewally M, L Ederington. Reputation, Certification, Warranties, and Information as Remedies for Seller-buyer Informa-tion Asymmetrie [J]. Lessons from the Online Comic Book Market. J. Bus, 2006, 79(2): 693-729.

[123] Dierickx and K Cool. Asset Stock Accumulation and Sustainability of Competitive Advantage [J]. Management Science. 1989(35): 1504-1511.

[124] Dimitris Folinas, Ioannis Manikas and Basil Manos. Traceability Data Management for Food Chains [J]. British Food Journal, 2006, 108(8): 622-633.

[125] Elkins D, Handfield R B, Blackhurst J, et al. Ways to Guard Against Disruption [J]. Supply Chain Management Review, 2005, 9(1): 46-53.

[126] Enticott G. Risking the Rural: Nature, Morality and The Consumption of Unpasteurised milk [J]. Journal of Rural Studies, 2003(19): 411-424.

[127] Emmanuel Raynau, LoïcSauvée and Egizio Valceschini. Exploring diversity in the European Agri-food System [Z]. Zaragoza, Spain: 2002 " Governance of the Agri-food Chains as A Vector of Credibility for Quality Signalization in Europe" 10th EAAE Congress, August 28-31, 2002.

[128] Escriche I, Domenech E, Baert K. Design and Implementation of An

HACCP System. In: Luning, P. A. , Devlieghere, F. , Verhe, R. (Eds.), Safety in the Agri-Food Chain ［ M ］. Wageningen: Wageningen Academic Publishers, 2006.

［ 129 ］ Esbjerg L, Bruun P. Legislation, Standardisation, Bottlenecks and Market Trends in Relation to Safe and High Quality Food Systems and Networks in Denmark. ［ M ］ MAPP-Centre for Research on Consumer Relations in the Food Sector. Aarhus, Denmark: Aarhus School of Business, 2003.

［ 130 ］ Frankel R, & Li X. Characteristics of a Firm's Information Environment and the Information Asymmetry Between Insiders and Outsiders ［ J ］. Journal of Accounting and Economics, 2004(37): 229-259.

［ 131 ］ Finch P. Supply Chain Risk Management ［ J ］. Supply Chain Management An International Journal, 2004, 9(2): 183-196.

［ 132 ］ Finch P. Supply Chain Risk Management ［ J ］. Coordination-An International Journal, 2004, 9(2): 183-196.

［ 133 ］ Flint D J and Golicic S L. Searching for Competitive Advantage Through Sustainability: A Qualitative Study in the New Zealand Wine Industry ［ J ］. International Journal of Physical Distribution& Logistics Management, 2009, 39(10): 841-860.

［ 134 ］ Fulponi, L. Private Voluntary Standards in the Food System: The Perspective of Major Food Retailers in OECD Countries ［ J ］. Food Policy, 2005(31): 1-13.

［ 135 ］ Gallozzi M, Tucker S. Insuring Against Disaster: Coverage for Product Recalls ［ N ］. The Insurance Coverage Law Bulletin, 2007(10).

［ 136 ］ Gao H, Darroch J, Mather D, et al. Signaling Corporate Strategy in IPO Communication: A Study of Biotechnology IPOs on the NASDAQ ［ J ］. Journal of Business Communication, 2008(45): 3-30.

［ 137 ］ Gao P, Woetzel J R, Wu Y. Can Chinese Brands Make It Abroad ［ J ］.

The McKinsey Quarterly, 2003(3): 106-115.

[138]　Gardberg N A, &Fombrun C J. For Better or Worse: The Most Visible American Corporate Reputations [J]. Corporate Reputation Review, 2002(4): 385-391.

[139]　Greenwood R, Li S X, Prakash R, et al. Reputation, Diversification, and Organizational Explanations of Performance in Professional Service Firms [J]. Organization Science, 2005(16): 661-676.

[140]　Gerrit Willem Ziggers, Jacques Trienekens. Quality Assurance in Food and Agribusiness Supply Chains: Developing Successful Partnerships [J]. Production Economics, 1999(61): 271-279.

[141]　Gellynck X, Verbeke W, Viane J. Consumer Value of Traceability: Opportunities for Market Orientation in Meat Supply Chains. In: Proceedings of the Fifth International Conference on Chain and Network Management in Agribusiness and the Food Industry [C]. Wageningen Academic Publishers, 2004: 217–228.

[142]　Giunipero L C and Eltantawy R A. Securing the Upstream Supply Chain: a Risk Management Approach [J]. International Journal of Physical Distribution &LogisticsManagement, 2004, 34(9): 698-713.

[143]　Ghemawat P. Distance Still Matters: the Hard Reality of Global Expansion [J]. Harvard Business Review, 2001, 79(8): 137-147.

[144]　Giunipero LC and Eltantawy R A. Securing the Upstream Supply Chain: A Risk Management Approach [J]. International Journal of Physical Distribution & Logistics Management, 2004, 34(9): 698-713.

[145]　Gladwin T N, JJ Kennelly and T Krause. Shifting Paradigms for Sustainable Development: Implications for Management Theory and Research [J]. Academy of Management Review, 1995, 20(4): 874-907.

[146]　Grackin, A. Counterfeiting and Piracy of Pharmaceuticals [J]. IEEE

Engineering in Medicine and Biology Magazine, 2008, 27 (6): 66-69.

[147] Grethe H. High Animal Welfare Standards in the EU and International Ttrade-How to Prevent Potential "Low Animal Welfare Havens" [J]. Food Policy, 2007, 32(3): 315-333.

[148] Hale T and Moberg C R. Improving Supply Chain Disaster Preparedness: A Decision Process for Secure Site Selection [J]. International Journal of Physical Distribution &Logistics Management, 2005, 35 (3): 195-207.

[149] Hasan R, Bernard A, Ciccotelli J, et al. Integrating Safety into the Design Process: Elements and Concepts Relative to the Working Situation [J]. Safety Science, 2003(41): 155-179.

[150] Health Industry Group Purchasing Association, Integrity of the Pharmaceutical Supply Chain: Product Sourcing for Patient Safety [J]. American Journal of Health-System Pharmacy, 2004(61): 1889-1894.

[151] Hendricks K B and Singhal VR. Association Between Supply Chain Glitches and Operation Performance [J]. Management Science, 2005, 51(5): 695-711.

[152] Hendricks K B, Singhal VR. Quality Awards and the Market Value of the Firm: An Empirical Investigation [J]. Management Science, 1996, 42 (3), 415-436.

[153] Hendricks K B, Singhal VR. Does Implementing an Effective TQM Program Actually Improve Operating Performance? Empirical Evidence From Firms That Have Won Quality Awards [J]. Management Science, 1997, 43 (9), 1258-1274.

[154] Henk Folkerts and Hans Koehorst. Insights From Industry Challenges In International Food Supply Chains: Vertical Co-ordination in the European Agri Business and Food Industries [J]. Supply Chain Management, 1997, 2(1): 11-14.

［155］ Henson S, Loader R. Barriers to Agricultural Exports From Developing Countries ［J］. World Development, 2001(29): 85-102.

［156］ Henson S, and G Holt. Exploring Incentives for the Adoption of Food Safety Controls: HACCP Implementation in the UK Dairy Sector ［J］. Review of Agricultural Economics, 2000(22): 407-420.

［157］ Henson S, Reardon T. Private Agri-food Standards: Implications for Food Policy and the Agri-food System ［J］. 2005(30): 241-253.

［158］ Hallikas J, KarvonenI, Pulkkinen U, et al. Risk Management Processes in Supplier Networks ［J］. International Journal of Production Economics, 2004, 90(1): 47-58.

［159］ Hobbs J E, Fearne A and Spriggs J. Incentive Structures for Food Safety and Quality Assurance: An International Comparison ［J］. Food Control, 2002(13): 77-81.

［160］ Hobbs J E and Y L M. Closer vertical Coordinationin Agri-food Supply Chains: A Conceptual Framework and Some Preliminary Evidence ［J］. Supply Chain Management: An International Journal, 2000, 5(3): 131-143.

［161］ Hochwater W A, Ferris G R, Zinko R, et al. Reputation as A Moderator of Political Behavior–work Outcomes Relationships: A Two Study Investigation with Convergent Results ［J］. Journal of Applied Psychology, 2007(92): 567-576.

［162］ Hornibrook SA, McCarthy M, Fearne A. Consumers' Perception of Risk: The Case of beef purchases in Irish Supermarkets ［J］. International Journal of Retail &Distribution Management, 2005(33): 701-715.

［163］ Hora M, Bapuji H, Roth A. Safety hazard and Time to Recall: the Role of Recall Strategy, Product Defect Type, and Supply Chain Player in the U. S. Toy Industry ［J］. Journal of Operations Management, 2011(28): 766-777.

［164］ Hua Song, Rabia Turson, Anirban Ganguly, et al. Evaluating the Effects of Supply Chain Quality Management on Food Firms' Performance: The Mediating Role of Food Certification and Reputation [J]. International Journal of Operations & Production Management, 2017, 37(10): 1541-1562.

[165] Ilmola L, &Kuusi O. Filters of Weak Signals Hinder Foresight [J]. Monitoring Weak Signals Efficiently in Corporate Decision-making. Futures, 2006(38): 908-924.

[166] Jill E Hobbs. A Transaction Cost Analysis of Quality, Traceability and Animal Welfare Issuesin UK Beef Retailing [J]. BritishFood Journal, 1996, 98(6): 16-26.

[167] Jacques Trienekens and Peter Zuurbier. Quality and Safety Standards in the Food Industry, Developments and Challenges [J]. Production Economics, 2008(113): 107-122.

[168] Jahn G, Schramm M, Spiller A. The Quality of Certification and Audit Processes in the Food Sector [M] //Proceedings of the Sixth International Conference on Chain and Network Management in Agribusiness and Food Industry. Ede, the Netherlands : Wageningen Academic Publishers, 2004.

[169] Janney J J, &Folta T B. Signaling Through Private Equity Placements and Its Impact on the Valuation of Biotechnology Firms [J]. Journal of Business Venturing, 2003(18): 361-380.

[170] Janney J J, &Folta T B. Moderating Effects of Investor Experience on the Signaling Value of Private Equity Placements [J]. Journal of Business Venturing, 2006. (21): 27-44.

[171] Jennings P D and P A Zandbergen. Ecologically Sustainable Organizations: An Institutional Approach [J]. A Cade My of Management Review, 2005, 20(4): 1015-1052.

[172] Jens Hamprecht and Daniel Corsten, Manfred Noll, et al. Controlling the

Sustainability of Food Supply Chains [J]. Supply Chain Management: An International Journal Volume, 2005, 10(1): 7-10.

[173] Jiang B. The Effects of Interorganizational Governance on Supplier's Compliance with SCC: An Empirical Examination of Compliant and Non-compliant Suppliers [J]. Journal of Operations Management, 2009(27): 267-280.

[174] Julie A Caswell, Maury E Bredahl, and Neal HHooker. How Quality Management Metasystems Are Affecting the Food Industry [J]. Review of Agricultural Economics, 1999, 20(2): 547-557.

[175] Josling T, D Roberts, and D Orden. Food Regulation and Trade: Toward a Safe and Open Global System [M]. Washington DC: Institute for International Economics. 2004.

[176] Juttner U. Supply Chain Risk Management - understanding the Business Requirements From A Practitioner Perspective [J]. International Journal of Logistics Management, 2005, 16(1): 120-141.

[177] Juttner U, Peck H and Christopher M. Supply Chain Risk Management - outlining an Agenda for Future Research [J]. International Journal of Logistics: Research and Applications, 2003, 6(4): 197-210.

[178] Kao C, & Wu C. Tests of Dividend Signaling Using the Marsh-Merton Model: A Generalized Friction Approach [J]. Journal of Business, 1994, 57(1): 45-68.

[179] Kerr W A, and J E Hobbs. The North American–European Union Dispute Over Beef Producing Using Growth Hormones: A Major Test for the New International Trade Regime [J]. The World Economy, 2002, 25(2): 283-296.

[180] Kjellén U. Safety in the Design of Offshore Platforms: Integrated Safety Versus Safety as an Add-on Characteristic Safety in the Design of Cs [J].

Safety Science, 2007(45): 107-127.

[181] Khan O and Burnes B. Risk and Supply Chain Management: Creating A Research Agenda [J]. International Journal of Logistics Management, 2007, 18(2): 197-216.

[182] Khan O, Christopher M and Burnes B. The Impact of Product Design on Supply Chain Risk: A Case Study [J]. International Journal of Physical Distribution & Logistics Management, 2008, 38(5): 412-432.

[183] King B G, & Whetten D A. Rethinking the Relationship Between Reputation and Legitimacy: A Social Actor Conceptualization [J]. Corporate Reputation Review, 2008(11): 192-207.

[184] Kirman A, & Rao A R. No Pain, No Gain: A Critical Review of the Literature On Signalinguno Bservable Product Quality [J]. Journal of Marketing, 2000, 64(2): 66-79.

[185] Kleindorfer P R and Saad GH. Managing Disruption Risks in Supply Chains [J]. Production and Operations Management, 2005, 14(1): 53-68.

[186] Klein B and K B Leffler. The Role of Market Forces in Assuring Contractual Performance [J]. Journal of Political Economy, 1981, 89(4): 615-641.

[187] Kreps D M, & Wilson R. Reputation and Imperfect Information [J]. Journal of Economic Theory, 1982(27): 253-279.

[188] Kumar S, Budin EM. Prevention and Management of Product Recalls inthe Processed Food Industry: A Case Study Based on An Exporter's Perspective [J]. Tech Novation, 2006(26): 739-750.

[189] Kumar S, Putnam V. Cradle to Cradle: Reverse Logistics Strategies and Opportunities Across Three Industry Sectors [J]. International Journal of Production Economics, 2008(115): 305-315.

[190] Kumar S, Schmitz S. Managing Recalls in A Consumer Product Supply

Chain--root Cause Analysis and Measures to Mitigate Risk [J]. International Journal of Production Research, 2011(49): 235-253.

[191] KuoJC, Chen M C. Developing an Advanced Multi-Temperature Joint Distribution System for the Food Cold Chain [J]. Food Control, 2010, 21 (4): 559-566.

[192] La Porte TR. High Reliability Organizations: Unlikely, Demanding, and At Risk [J]. Journal of Contingencies and Crisis Management, 1996(4): 60-71.

[193] Lambert D M and Cooper M C. Issues in Supply Chain Management [J]. Industrial Marketing Management, 2000, (29): 65-83.

[194] Lee Hau L and Billington C. Material Management in Decentralized Supply Chains [J]. Operations Research, 1993, 41(5): 835-847.

[195] Lee, HL and Whang S. Higher Supply Chain Security with Lower Cost: Lessons from Total Quality Management [J]. Production Economics, 2005, (96): 289-300.

[196] Lee HL and Wolfe M L. Supply Chain Security without Tears [J]. Supply Chain Management Review, 2003, 7 (1): 12-20.

[197] Lopez G A. Effective Sanctions [J]. Harvard International Review, 2007, 29 (3): 50-54.

[198] Lou W, Rindfleisch A and Tse D. Working with Rivals; the Impact of Competitor Alliances on Financial Performance [J]. Journal of Marketing Research, 2007, 44 (1): 73-83.

[199] Luning PA, Devlieghere F, Verhe R. Safety in the Agri-food Chain [M]. Wageningen: Wageningen Academic Publishers, 2006.

[200] Luvdeep Malhi , Özge Karanfil, Tommy Merth, et al. Places to Intervene to Make Complex Food Systems More Healthy, Green, Fair, and Affordable [J]. Journal of Hunger & Environmental Nutrition, 2009(4):

466-476.

[201]　Lynch D E, Keller S B and Ozment J. The Effects of Logistics Capabilities and Strategyon Firm Performance [J]. Journal of Business Logistics, 2000, 21(2): 47-67.

[202]　Manning L and Baines R N. Effective Management of Food Safety and Quality [J]. British Food Journal, 2004, 106(8): 598-606.

[203]　Marsden T, Banks J, Bristow G. Food Supply Chain Approaches: Exploring Their Role in Rural Development [J]. Sociologia Ruralis, 2000(40): 424-438.

[204]　Manikas I, Terry LA. A Case Study Assessment of the Operational Performance of a Multiple Fresh Produce Distribution Centre in the UK [J]. British Food Journal, 2010, 112 (6): 653-667.

[205]　MantoGotsi, Alan M Wilson. Corporate Reputation: Seeking A Definition [J]. Corporate Communications: An International Journal, 2001, 6 (1): 24-30.

[206]　Mahoney J T and J R Pandian. The Resource-based View within the Conversation of Strategic Management [J]. Strategic Management Journal, 1992, 13(5): 363-380.

[207]　Maze A and Galan M B. The Governance of Quality and Environmental Management Systems in Agriculture: A Transaction Cost Approach. Chain Management in Agribusiness and the Food Industry [C] // Proceedings of the Fourth International Conference , 25-26 May2000, Wageningen: 2000: 158.

[208]　McFadden, KL, Henagan S C, Gowen C R. The Patient Safety Chain: Transfor-mational Leadership's Effect on Patient Safety Culture, Initiatives, and Outcomes [J]. Journal of Operations Management, 2009(27): 390-404.

[209]　McFadden KL, Hosmane B S. Operations Safety: An Assessment of A

Commercial Aviation Safety Program [J]. Journal of Operations Management, 2001, (19): 579-591.

[210] Mentzer JT, DeWitt W, Keebler JS, et al. Defining Supply Chain Management [J]. Journal of Business Logistics, 2001, 22(2): 1-25.

[211] Mendonca, S, Pina e Cunha M, Kaivo-Oja J, et al. Wild Cards, Weak Signals and Organizational Improvisation [J]. Futures, 2004, (36): 201-218.

[212] Michael S C. Entrepreneurial Signaling to Attract Resources: The Case of Franchising [J]. Managerial and Decision Economics, 2009(30): 405-422.

[213] Miguel Carriquiry and Brucea. Babcock. Reputations, Market Structure, and The Choice Of Quality Assurance Systems In The Food Industry [J]. American Journal of Agricultural Eeconomics, 2007, (1): 12-23.

[214] Mike Rimmington, Jane Carlton Smith and Rebecca Hawkins. Corporate Social Responsibility and Sustainable Food Procurement [J]. British Food Journal, 2006, 108(10): 824-837.

[215] Milgrom P and J Roberts. Price and Advertising Signals of Product Quality[J]. Journal of Political Economy, 1986, 94(4): 796-821.

[216] Min S and Mentzer J T. Developing and Measuring Supply Chain Management Concepts [J]. Journal of Business Logistics, 2004, 25(1): 63-99.

[217] Minegishi S and Thiel D. Generic Model of the behaviour of the Poultry Industry Supply Chain. Chain Management in Agribusiness and the Food Industry [C] Wageningen: Proceedings of the 4th International Conference, 2000.

[218] Morash E E. Supply Chain Strategies, Capabilities, and Performance [J]. Transportation Journals, 2006, 41 (1): 37-54.

[219] MorrisC, Buller H. The Local Food Sector: A Preliminary Assessment

of Its Form and Impact in Gloucestershire [J]. British Food Journal, 2003(105): 559-566.

[220] Narasimhan R, Talluri S. Perspectives on Risk Management in Supply Chains [J]. Journal of Operations Management, 2009, (27): 114-118.

[221] Nagurney, Anna, Jose Cruz et al. Supply Chain Networks, Electronic Commerce and Supply Side and Demand Side Risk [J]. European Journal of Operational Research, 2005, 164(1): 120-142.

[222] Neal A, Griffin M A. Safety Cimate and Safety Behavior [J]. Australian Journal of Management, 2002, 27(1): 67–76.

[223] Neal A, Griffin M A. A Study of the Lagged Relationships Among Safety Climate, Safety Motivation, Safety Behavior, and Accidents at the Individual and Grouplevels [J]. Journal of Applied Psychology, 2006(91): 946-953.

[224] Norrman A and Jansson U. Ericsson's Proactive Supply Chain Management Approach After A Serious Subsupplier Accident [J]. International Journal of Physical Distribution and Logistics Management, 2004, 34(5): 434-456.

[225] Notarnicola B. 7th International Conference on Life Cycle Assessment in the Agri-Food Sector (LCA Food 2010), 22-24 September 2010, Bari (Italy) [J]. Life Cycle Assessment, 2011, 16 (2): 102-105.

[226] Novak S, Stern S. How Does Outsourcing Affect Performance Dynamics?Evidence From the Automobile industry [J]. Management Science, 2008(54): 1963-1979.

[227] Pasi Heikkurinen and Sari Forsman-Hugg. Strategic Corporate Responsibility in the Food Chain [J]. Corp. Soc. Responsib. Environ. Mgmt, 2011(18): 306 -316.

[228] Peck H H. Recon Ciling Supply Chain Vulner Ability, Risk and Supply Chain Management [J]. International Journal of Logistics: Research and

Applications, 2006, 9(2): 127-142.

[229] Perrow C. Normal Accidents: Living with High Risk Technologies [M]. Princeton , NJ : Princeton University Press, 1999.

[230] Peter Zuurbier. Quality and Safety Standards in the Food Industry, Developments and Challenges [J]. International Journal of Production Economics. 2008, 113(1): 107-122.

[231] Peter Oosterveera&Gert Spaargaren. Organising Consumer Involvement in the Greening of Global Food Flows: the Role of Environmental NGOs in the Case of Marine Fish [J]. Environmental Politics, 2011, 20(1): 97-114.

[232] Priest G. A The Ory of Consumer Product Warranty IJI [J]. Yale Law Journal, 1981, 90(5): 1297-1352.

[233] Quinn FJ. Security Matters [J]. Supply Chain Management Review, 2003, 7 (4): 38-45.

[234] Rábade LA, Alfaro JA. Buyer–supplier Relationship's Influence on Trace Ability Implementation in the Vegetable Industry [J]. Journal of Purchasing and Supply Management, 2006(12): 39-50.

[235] Radjou N. Securing the Supply Chain: Constructive Paranoia [J]. Network Computing, 2003, 14(19): 2.

[236] Rao A R, Qu L, &Ruekert A R. Signaling Unobservable Product Quality Through A Brand Ally [J]. Journal of Marketing Research, 1999(36): 258-268.

[237] Reuer J J, M P Koza. Asymmetric Information and Jointventure Performance: Theory and Evidence for Domestic and International Joint Ventures [J]. Strategic Management, 2000, 21(1)81-88.

[238] Rice J and Caniato F. Building A Secure and Resilient Supply Chain [J]. Supply Chain Management Review, 2003, 7(5)22-30.

[239]   Riley J G. Silver Signals: Twenty-five Years of Screening and Signaling [J].
          Econom. Literature, 2001, 39(2) : 432-478.

[240]   Rinehart L M, Myers M B and Eckert J A. Supplier Relationships: the
          Impact on Security [J]. Supply Chain Management Review, 2004, 8 (6):
          52-59.

[241]   Rindova V P, Williamson I O, Petkova A P, et al. Being Good or Being
          Known: An Empirical Examination of the Dimensions, Antecedents, and
          Consequences of Organizational Reputation [J]. A Cade My of Man-
          agement Journal, 2005(48): 1033-1049.

[242]   Ritter LJ, Barrett M and Wilson R. Securing Global Transportation Networks:
          A Total Security Management Approach [M]. New York: McGraw-Hill, 2007.

[243]   Rogers D, Lockman D, Schwerdt G, et al. Supply Chain Security [J].
          Material Handling Management, 2004, 59(2): 15-17.

[244]   Roberts KH. Some Characteristics of One Type of High Reliability
          Organization [J]. Organization Science, 1990(1): 160-176.

[245]   Roberts T, J C Buzby, and M Ollinger. Using Benefit and Cost Information
          to Evaluate A Food Safety Regulation: HACCP for Meat and Poultry [J].
          American Journal of Agricultural Economics, 1996(78): 1297-1301.

[246]   Roth AV, Tsay AA, Pullman ME et al. Unraveling the Food Supply Chain:
          Strategic Insights From China and the 2007 Recalls [J]. Journal of Supply
          Chain Management, 2008, 44 (1): 22-39.

[247]   Russell DM and Saldanha JP. Five Tenets of Security-aware Logistics and
          Supply Chainoperation [J]. Transportation Journal, 2003, 42(4): 44-54.

[248]   Sarathy R. Security and the Global Supply Chain [J]. Transportation
          Journal, 2006, 45(4): 21-28.

[249]   Sawyer E, W A Kerr, and J E Hobbs. Consumer Preferences and the
          International Harmonization of Organic Standards [J]. Food Policy,

2008, 33(6): 607-615.

[250] S Z, Lueg J E and LeMay S A. Supply Chain Security: An Overview and Research Agenda. [J]. International Journal of Physical Distribution & Logistics Management, 2008, 19(2): 254-281.

[251] Scannell TV, Vickery S K, DrToge C L. Upstream Supply Chain Management and Competitive Per Formance the Automotive Supply Industry [J]. Journal of Business Logistics, 2000, 21(1): 23-48.

[252] Schwarz J O. Assessing the Future of fFuture Studies [J]. Futures, 2008, 40(3): 237-246.

[253] Seitz M A. A Critical Assessment of Motives for Product Recovery: the Case of Engine Remanufacturing. Ournal of Cleaner Production, 2006, 16(11/12): 1147-1157.

[254] Seuring S and Mu ller M. From ALiterature Review to A Conceptual Framework for Sustainable Supply Chain Management [J]. Journal of Cleaner Production, 2008, (16): 1699-1710.

[255] Sigala M. A Supply Chain Management Approach for Investigating the Role of Touroperators on Sustainable Tourism: the Case of TUI [J]. Journal of Cleaner Production, 2008, 16(15): 1589-1599.

[256] Singer S J, Gaba D M, Geppert JJ, et al. The Culture of Safety: Results of An Organization Wide Survey in 15 California Hospitals [J]. Quality and Safety in Health Care, 2003(12): 112-118.

[257] Sheff Y. Supply Chain Management Under the Threat of International Terrorism [J]. The International Journal of Logistics Management, 2001, 12 (2): 1-11.

[258] Simone Zanoni, Lucio Zavanella. Chilled or frozen? Decision strategies for Sustainable Food Supply Chains [J]. Production Economics, 2012(140): 731-736.

[259]　Sliwka D. Trust as A Signal of ASocial Norm and the Hidden Costs of Incentive Schemes [J]. American Economic Review, 2007(97): 999-1012.

[260]　Sparling D, Lee J and Howard W. Murgo Farms Inc: HACCP; ISO 9000 and ISO14000 [J]. International Food and Agribusiness Management Review, 2001, 4 (1): 67-79.

[261]　Speckman R and Davis E. Risky Business–expanding the Discussion on Risk and the Extended Enterprise [J]. International Journal of Physical Distribution& Logistics Management, 2004, 34 (5): 414-433.

[262]　Spence M. Job Market Signaling [J]. Quarterly Journal of Economics, 1973(87): 355-374.

[263]　Spence M. Signaling in Retrospect and the Informational Structure of Markets [J]. American Economic Review, 2002(92): 434-459.

[264]　Sperber W H, Stier R F. Happy 50th Birthday to HACCP: Retrospective and Prospective [J]. Food Safety Magazine, 2009(42): 44-46.

[265]　Sroufe R, Curkovic S. An Examination of ISO 9000: 2000 and Supply Chain Quality Assurance [J]. Journal of Operations Management, 2008 (26): 503–520.

[266]　Spencer Henson and Georgina Holt. Exploring Incentives for the Adoption of Food Safety Controls: HACCP Implementation in the U. K. Dairy Sector [J]. Review of Agricultural Economics, 2000, 22(2): 407-420.

[267]　Suchman M C. Managing Legitimacy: Strategic and Institutional Approaches [J]. The A Cade-my of Management Review, 1995, 20(3): 571-610.

[268]　Starbird S A. Supply Chain Contracts and Food Safety [J] . Choices, 2005, 20(2): 123-128.

[269]　Svensson, G. A Conceptual Frame Work for the Analysis of Vulnerability in Supply Chains [J]. International Journal of Physical Distribution &

Logistics Management, 2000, 30(9): 731-750.

[270] Svensson G. A Conceptual of Vulnerability in Firms' inbound and Outbound Logistics Flows [J]. International Journal of Physical Distribution & Logistics Management, 2002, 32(1/2): 110-124.

[271] Svensson G. Key Areas, Causes and Contingency Planning of Corporate Vulnerability Insupply Chains: A Qualitative Approach [J]. International Journal of Physical Distribution &Logistics Management, 2004, 34 (9): 728-748.

[272] Tan K C, Kannan V R and Handfield R B. Supply Chain Management: Supplier Performance and Firm Performance [J]. International Journal of Purchasing &Materials Management, 1998, 34(3): 2-9.

[273] Tang C S. Perspectives in Supply Chain Risk Management [J]. International Journal of Production Economics, 2006(103): 451-488.

[274] Tang C S. Making Products Safe: Process and Challenges [J]. International Commerce Review, 2008(8): 48-55.

[275] Teagarden M. Learning From Toys: Reflections on the 2007 Recall Crisis [J]. Thunderbird International Business Review, 2009(51): 5-15.

[276] Thai V V. Effective Maritime Secuity: Conceptual Model and Empirical Evidence [J]. Maritime Policy and Management, 2009, 36(2): 147-163.

[277] Thibault M, Brooks M R and Button KJ. The Response of the US Maritime Industry to the New Container Security Initiatives [J]. Tran Spor Tation Journal, 2006, 45(1): 5-15.

[278] Thirumalai S, Sinha K K. Product Recalls in the Medical Device Industry: An Empirical Exploration of the Sources and Financial Consequences [J]. Management Science, 2011(57): 376-392.

[279] Tokman M, Richey G R and Marina L D. Exploration, Exploitation, and Satisfaction Insupply Chain Portfolio Strategy [J]. Journal of Business

Logistics, 2007, 28 (1): 57-81.

[280] Trienekens J&Van Der Vorst J. Traceability in Food Supply Chains in: Safety in the Agrifood Chain [M]. Wageningen: Academic Publishers, 2006.

[281] Trienekens J, Zuurbier P. Quality and Safety Standards in the Food Industry, Developments and Challenges [J]. International Journal of Production Economics, 2008(113): 107-122.

[282] Trienekens J H. Quality and Safety in Food Supply Chains. In: Camps, T, Diederen, P, Hofstede, G [J]. The Emerging World of Chains and Networks. Bridging The Ory and Practice. Reed Business Information, 2004, 253-267.

[283] Tuncer B. 2001. From Farm to ForkMeans of Assuring Food Quality: An Analysis of the European Food Auality Initiatives [C]. Sweden: Lund, IIIEE Reports, 2001: 14.

[284] Turner, M. Society Must be Protected [J]. Journal of Corporate Citizenship, 2007(26): 85-99.

[285] Turner J C and Davies W P. The Modern Food Chain: Profiting From Effective Integration [C]. Kuala Lumpur, Malaysia: Trade Partners UK and Ministry of Agriculture ' Modern Food Chain' Seminar, 2002(26): 1-37.

[286] Unnevehr L J, G Y Miller and M I Gomez. Ensuring Food Safety and Quality in Farm-level Production: Emerging Lessons from the Pork Industry [J]. American Journal of Agricultural Economics, 1999, 81(5): 1096-1101.

[287] Unnevehr L J. Food Safety Issues and Fresh Food Product Exports from LDCs [J]. Agricultural Economics, 2000, 23 (3): 231-240.

[288] Van Der Spiegel M and Ziggers G W. Development of A Supply Chain Management Model [M] //Chain Management in Agri Business and the Food Industry. Proceedings of the 4th International Conference, The

Nether lands: Wageningen, 2000: 25-26.

［289］ Varkonyl I. Breaking Down Silos in Supply Chain Security ［ J ］. Journal of Commerce, 2004, 8(2): 1.

［290］ Vellema S, Boselie D. Cooperation and Competence in Global Food Chains ［ M ］ //Perspectives on Food Quality and Safety. Shaker Publishing: Maastricht, 2003.

［291］ Verginia Mintcheva. Indicators for Environmental Policy Iintegration in the Food Supply Chain (the Case of the Ttomato Ketchup Supply Chain and the Integrated Product Policy) ［ J ］. Journal of Cleaner Production, 2005(13): 717-731.

［292］ Vijay R Kannan, Keah Choon Tan. Just in time, Total Quality Management, and Supply Chain Management: Understanding Their Linkages and Impact on Business Performance ［ J ］. The International Journal of Management Sceince Omega, 2005(33): 153-162.

［293］ Vorst Van Der J G A J. Effective Food Supply Chains: Generating, Modelling and Evaluating Supply Chain Scenarios ［ C ］. Wageningen: Wageningen University and Research Center, 2000.

［294］ Voss M D, Page T J Jr, Keller SB, et al. Determining Important Carrier Attributes: A Fresh Perspective Using the Theory of Reasoned Action ［ J ］. Tran Sportation Journal, 2006, 45(3): 7-19.

［295］ Voss M D, Closs D J, Calantone R J, et al.The Role of Security in the Food Supplier Selection Decision ［ J ］. Journal of Business Logistics, 2009, 30(1): 127-156.

［296］ Vonderembse M A, Tracey M. The Impact of Supplier Selection Criteria and Supplier Involvement on Manufacturing Performance ［ J ］. Journal of Supply Chain Management, 1999, 35(3): 33-39.

［297］ Wagner SM and Bode C. An Empirical Examination of Supply Chain

Performance Along Several Dimensions of Risk [J]. Journal of Business Logistics, 2008, 29(1): 307-325.

[298]　Watts C A, Hahn C K. Supplier Development Programs: Anempirical Analysis [J]. International Journal of Purchasing and Materials Management, 1993, 24(2): 10-17.

[299]　Wein L M, Liu Y. Analyzing A Bioterror Attack on the Food Supply: the Case of Botulinum Toxin in Milk [J]. Proceedings of the National A Cade My of Science of the USA, 2005(102): 9984-9989.

[300]　Williamson. Markets and Hierarchies: Analysis and Antitrust Implications: A Study in the Economics of Internal Organization [M]. New York: Free Press, 1975.

[301]　Williamson. Markets and Hierarchies: Some Elementary Consideration [J]. The American Economic Review, 1975, 63(2): 316-325.

[302]　Williams Z, Lueg J E and LeMay S A. Supply Chain Security: An Overview and Research Agenda [J]. International Journal of Physical Distribution & Logistics Management, 2008, 19(2): 254-281.

[303]　Wismans W M G. 1999, Identification and Registration of Animals in the European Union [J]. Computers and Electronics in Agriculture, 1999, 24(1-2): 99-108.

[304]　Whipple J M, Voss M D, Closs DJ. Supply Chain Security Practices in the Food Iindustry [J]. International Journal of Physical Distribution & Logistics Management, 2009(39): 574-594.

[305]　Waclaw Szymanowski. Application of the Traceability Concept Into Food Supply Chains and Networks Design [J]. Economics and Organization of Enterprise, 2009, 4(2): 77-87.

[306]　Witt C E. Supply Chain Security Update [J]. Modern Handling Management, 2006, 61(11): 40-41.

［307］ World Trade Organisation (WTO). Dispute Settlement: Dispute DS382 United States-CertainCountry of Origin Labelling (COOL) Requirements ［ J ］. Summary of the dispute to date (January 8, 2010), 2010.

［308］ Zachary Williams, Jason E Lueg, Stephen ALeMay. Supply Chain Security: An Overview and Research Agenda ［ J ］. The International Journal of Logistics Management, 2008, 19, (2): 254-281.

［309］ Zacheratos A, Barling J, Iverson RD. High-performance Work Systems and Occupational Safety ［ J ］. Journal of Applied Psychology, 2005(90): 77-93.

［310］ Zohar D. Safety Climate in Industrial Organizations: Theoretical and Applied Implications ［ J ］. Journal of Applied Psychology, 1980(65): 96-102.

［311］ Zsidisin G A, Ragatz G L and Melnyk S A. The Dark Side of Supply Chain Management ［ J ］. Supply Chain Management Review, 2005, 9(2): 46-52.

［312］ B Holmstrom. Moral Hazard and Observ Ability ［ J ］. Bell Journal of Economics, 1979(10): 74-91.

［313］ M Harris and A Raviv. Optimal Incentive Contracts with Imperfect Information ［ J ］. The Journal Of Economic Theory, 1979(20): 231-259.

［314］ J Grossman and D Hart. An Analysis of the Pricipal-agent Problem ［ J ］. Ecomometrica, 1983(51): 324-340.

［315］ Yang C C, Wei H H. The Effect of Supply Chain Security Management on Security Performance in Container Shipping Operations ［ J ］. Supply Chain Management: An International Journal, 2013, 18(1): 74-85.

［316］ Voss D. Supplier Choice Criteria and the Security Aware Food Purchasing Manager ［ J ］. International Journal of Logistics Management, 2013, 24(3): 380-406.

［317］ Leat P, Revoredogiha C. Risk and Resilience in Agri-food Supply Chains:

The Case of the ASDA PorkLink Supply Chain in Scotland [J]. Supply Chain Management, 2013, 18(2): 219-231.

[318] Beske P, Land A, Seuring S. Sustainable Supply Chain Management Practices and Dynamic Capabilities in the Food Industry: A Critical Analysis of the Literature [J]. International Journal of Production Economics, 2014, 152(2): 131-143.

[319] Li D, Wang X, Chan H K, et al. Sustainable Food Supply Chain Management [J]. International Journal of Production Economics, 2014, 152(6): 1-8.

[320] Eksoz C, Mansouri S A, Bourlakis M. Collaborative Forecasting in the Food Supply Chain: A Conceptual Framework [J]. International Journal of Production Economics, 2014, 158(C): 120-135.

[321] Williamson O E. The Economic Institutions of Capitalism. Firms, Markets, Relational Contracting [J]. American Political Science Association, 2010, 32(4): 61-75.

[322] HOBBS J E, YOUNG LM. Closer Vertical Coordination in Agri-food Supply Chains: A Conceptual Framework and Some Preliminary Evidence [J]. Supply Chain Management: An International Journal, 2000, 5(3): 131-143.

[323] Nelson P. Information and Consumer Behavior [J]. Journal of Political Economy, 1970, 78(2): 311-329.

[324] ANTLE J M, Capalbo S M. Econometric-process Models for Integrated Assessment of Agricultural Production Systems [J]. American Journal of Agricultural Economics, 2000, 83(2): 389-401.

[325] Grossman S J. The Informational Role of Warranties and Private Disclosure About Product Quality [J]. Journal of Law & Economics, 2012, 24(3): 461-483.

[326] Stiglitz J E, Weiss A. Credit Rationing in Markets with Imperfect

Information [J]. American Economic Review, 1981, 71(3): 393-410.

[327] Engelseth P, Food Product Traceability and Supply Network Integration [J]. Journal of Business & Industrial Marketing, 2009, 24(5/6): 421-430.

[328] Zimmermann F, Foerstl K. A Meta-analysis of the " Purchasing and Supply Management Practice–performance Link" [J]. Journal of Supply Chain Management, 2014, 50(3): 37-54.

[329] Jraisat L E, SAWALHA I H. Quality Control and Supply Chain Management: AContextual Perspective and A Case Study [J]. Supply Chain Management: An International Journal, 2013, 18(18): 194-207.

[330] Hammoudi A, Hoffmann R, Surry Y. Food Safety Standards and Agri-food Supply Chains: An Introductory Overview [J]. European Review of Agricultural Economic, 2009, 36(4): 469-478.

[331] Orriss G D, Whitehead A J. Hazard Analysis and Critical Control Point (HACCP) as a Part of An Overall Quality Assurance System in International Food Trade [J]. Food Control, 2000, 11(5): 345-351.

[332] Holleran E, Bredahl M E, Zaibet L. Private Incentives for Adopting Food Safety and Quality Assurance [J]. Food Policy, 1999, 24(6): 669-683.

[333] Kannan V R, Tan K C. Just in Time, Total Quality Management, and Supply Chain Management: Understanding Their Linkages and Impact on Business Performance [J]. Omega, 2005, 33(2): 153-162.

[334] MARTINEZ M G, Poole N. The Development of Private Fresh Produce Safety Standards: Implications for Developing Mediterranean Exporting Countries [J]. Food Policy, 2004, 29(3): 229-255.

[335] Flynn B B, Huo B, Zhao X. The Impact of Supply Chain Integration on Performance: A Contingency and Configuration Approach [J]. Journal of Operations Management, 2010, 28(1): 58-71.

[336] Foster S T. Towards An Understanding of Supply Chain Quality

Management [J]. Journal of Operations Management, 2008, 26(4): 461-467.

[337] Aiello G, La Scalia G, Micale R. Simulation Analysis of Cold Chain Performance Based on Time- temperature Data [J]. Production Planning & Control, 2012, 23(6): 468-476.

[338] WHIPPLE J M, VOSS M D, CLOSS D J. Supply Chain Security Practices in the Food Industry: Do Firms Operating Globally and Domestically Differ? [J]. International Journal of Physical Distribution & Logistics Management, 2009, 39(7): 574-594.

[339] Grimm J H, Hofstetter J S, Sarkis J. Critical Factors for Sub-supplier Management: A Sustainable Food Supply Chains Perspective [J]. International Journal of Production Economics, 2014, 152(6): 159-173.

[340] Tang Q, LI J, SUN M, et al. Food Traceability Systems in China: The Current Status of and Future Perspectives on Food Supply Chain Databases, Legal Support, and Technological Research and Support for Food Safety Regulation [J]. BioScience Trends, 2015, 9(1): 7-15.

[341] Hou M A, Grazia C, Malorgio G. Food Safety Standards and International Supply Chain Organization: A Case Study of the Moroccan Fruit and Vegetable Exports [J]. Food Control, 2015, 55(9): 190-199.

[342] Banterle A, Cereda E, Fritz M. Labelling and Sustainability in Food Supply Networks: A Comparison Between the German and Italian Markets [J]. British Food Journal, 2013, 115(5): 769-783.

[343] Dickinson D L, Bailey D V. Meat Traceability: Are U. S. Consumers Willing to Pay for it? [J]. Western Journal of Agricultural Economics, 2002, 27(2): 348-364.

[344] Roosen J, Lusk J L, Fox J A. Consumer Demand for Attitudes Toward Alternative Beef Labeling Strategies in France, Germany and UK [J].

Agribusiness, 2003, 19(1): 77-90.

［345］ Grunert K G. Food Quality and Safety: Consumer Perception and Demand ［J］. European Review of Agricultural Economics, 2005, 32(3): 369-391.

［346］ Piggott N E, Marsh T L. Does Food Safety Information Impact U. S. Meat Demand ［J］. American Journal of Agricultural Economics, 2004, 86(1): 154-174.

［347］ Mazzocco M A. HACCP as A Business Management Tool ［J］. American Journal of Agricultural Economics, 1996, 78(3): 770-774.

［348］ Yang C C, Wei H H. The Effect of Supply Chain Security Management on Security Performance in Container Shipping Operations ［J］. Supply Chain Management: An International Journal, 2013, 18(1): 74-85.

［349］ Voss D. Supplier Choice Criteria and the Security Aware Food Purchasing Manager ［J］. International Journal of Logistics Management, 2013, 24(3): 380-406.

［350］ Leat P, Revoredogiha C. Risk and Resilience in Agri-food Supply Chains: The Case of the ASDA PorkLink Supply Chain in Scotland ［J］. Supply Chain Management, 2013, 18(2): 219-231.

［351］ Beske P, Land A, Seuring S. Sustainable Supply Chain Management Practices and Dynamic Capabilities in the Food Industry: A Critical Analysis of the Literature ［J］. International Journal of Production Economics, 2014, 152(2): 131-143.

［352］ Li D, Wang X, Chan H K, et al. Sustainable Food Supply Chain Management ［J］. International Journal of Production Economics, 2014, 152(6): 1-8.

［353］ Eksoz C, Mansouri S A, Bourlakis M. Collaborative Forecasting in the Food Supply Chain: A Conceptual Framework ［J］. International Journal of Production Economics, 2014, 158(C): 120-135.

[354] Williamson O E. The Economic Institutions of Capitalism. Firms, Markets, Relational Contracting [J]. American Political Science Association, 2010, 32(4): 61-75.

[355] HOBBS J E, YOUNG LM. Closer Vertical Coordination in Agri-food Supply Chains: A Conceptual Framework and Some Preliminary Evidence [J]. Supply Chain Management: An International Journal, 2000, 5(3): 131-143.

[356] Nelson P. Information and Consumer Behavior [J]. Journal of Political Economy, 1970, 78(2): 311-329.

[357] ANTLE J M, Capalbo S M. Econometric-process Models for Integrated Assessment of Agricultural Production Systems [J]. American Journal of Agricultural Economics, 2000, 83(2): 389-401.

[358] Grossman S J. The Informational Role of Warranties and Private Disclosure About Product Quality [J]. Journal of Law & Economics, 2012, 24(3): 461-483.

[359] Stiglitz J E, Weiss A. Credit Rationing in Markets with Imperfect Information [J]. American Economic Review, 1981, 71(3): 393-410.

[360] Engelseth P, Food Product Traceability and Supply Network Integration[J]. Journal of Business & Industrial Marketing, 2009, 24(5/6): 421-430.

[361] Zimmermann F, Foerstl K. A Meta-analysis of the " Purchasing and Supply Management Practice–performance Link" [J]. Journal of Supply Chain Management, 2014, 50(3): 37-54.

[362] Jraisat L E, SAWALHA I H. Quality Control and Supply Chain Management: A Contextual Perspective and ACase Study [J]. Supply Chain Management: An International Journal, 2013, 18(18): 194-207.

[363] Hammoudi A, Hoffmann R, Surry Y. Food Safety Standards and Agri-food Supply Chains: An Introductory Overview [J]. European Review

of Agricultural Economic, 2009, 36(4): 469-478.

[364] Orriss G D, Whitehead A J. Hazard Analysis and Critical Control Point (HACCP) as A Part of An Overall Quality Assurance System in International Food Trade [J]. Food Control, 2000, 11(5): 345-351.

[365] Holleran E, Bredahl M E, Zaibet L. Private Incentives for Adopting Food Safety and Quality Assurance [J]. Food Policy, 1999, 24(6): 669-683.

[366] Kannan V R, Tan K C. Just in Time, Total Quality Management, and Supply Chain Management: Understanding Their Linkages and Impact on Business Performance [J]. Omega, 2005, 33(2): 153-162.

[367] MARTINEZ M G, Poole N. The Development of Private Fresh Produce Safety Standards: Implications for Developing Mediterranean Exporting Countries [J]. Food Policy, 2004, 29(3): 229-255.

[368] Flynn B B, Huo B, Zhao X. The Impact of Supply Chain Integration on Performance: A Contingency and Configuration Approach [J]. Journal of Operations Management, 2010, 28(1): 58-71.

[369] Foster S T. Towards An Understanding of Supply Chain Quality Management [J]. Journal of Operations Management, 2008, 26(4): 461-467.

[370] Aiello G, La Scalia G, Micale R. Simulation Analysis of Cold Chain Performance Based on Time- temperature Data [J]. Production Planning & Control, 2012, 23(6): 468-476.

[371] WHIPPLE J M, VOSS M D, CLOSS D J. Supply Chain Security Practices in the Food Industry: Do Firms Operating Globally and Domestically Differ [J]. International Journal of Physical Distribution & Logistics Management, 2009, 39(7): 574-594.

[372] Grimm J H, Hofstetter J S, Sarkis J. Critical Factors for Sub-supplier Management: A Sustainable Food Supply Chains Perspective [J].

International Journal of Production Economics, 2014, 152(6): 159-173.

[373] Tang Q, LI J, SUN M, et al. Food Traceability Systems in China: The Current Status of and Future Perspectives on Food Supply Chain Databases, Legal Support, and Technological Research and Support for Food Safety Regulation [J]. BioScience Trends, 2015, 9(1): 7-15.

[374] Hou M A, Grazia C, Malorgio G. Food Safety Standards and International Supply Chain Organization: A Case Study of the Moroccan Fruit and Vegetable Exports [J]. Food Control, 2015, 55(9): 190-199.

[375] Banterle A, Cereda E, Fritz M. Labelling and Sustainability in Food Supply Networks: A Comparison Between the German and Italian Markets [J]. British Food Journal, 2013, 115(5): 769-783.

[376] Dickinson D L, Bailey D V. Meat Traceability: Are U. S. Consumers Willing to Pay for it [J]. Western Journal of Agricultural Economics, 2002, 27(2): 348-364.

[377] Roosen J, Lusk J L, Fox J A. Consumer Demand for Attitudes Toward Alternative Beef Labeling Strategies in France, Germany and UK [J]. Agribusiness, 2003, 19(1): 77-90.

[378] Grunert K G. Food Quality and Safety: Consumer Perception and Demand [J]. European Review of Agricultural Economics, 2005, 32(3): 369-391.

[379] Piggott N E, Marsh T L. Does Food Safety Information Impact U. S. Meat Demand [J]. American Journal of Agricultural Economics, 2004, 86(1): 154-174.

[380] Mazzocco M A. HACCP As A Business Management Tool [J]. American Journal of Agricultural Economics, 1996, 78(3): 770-774.